KB045149

멘사 수학 퍼즐

Mensa Number Puzzles

by Harold Gale

IQ 148을 위한

MENSA
멘사 수학 퍼즐
PUZZLE

해럴드 게일 지음 | **최가영** 옮김

멘사코리아 감수

보누스

수학 퍼즐로 사고력을 키우다

보통 수학이라 하면 복잡하고 어려운 기호들을 사용해서 푸는 문제들을 떠올릴 것이다. 수학 문제를 보고 고개를 젓거나 한숨을 내쉴 수도 있다. 수많은 공식과 법칙을 암기하면서 수학을 배웠기 때문이다. 수학에 다시 도전하고 싶다면 먼저 수학에 대한 편견을 버려라.

　수학 퍼즐은 복잡한 기호나 공식을 사용해서 푸는 문제가 아니다. 나열된 숫자들 사이에 숨은 다양한 규칙들을 찾아내면 된다. 규칙을 찾는 순간 어지럽게 흩어져 있던 숫자들이 한눈에 쏙 들어올 것이다. 수학에 대한 편견을 버리고, 마음을 열어라. 숫자가 당신에게 던지는 메시지를 읽을 수 있을 것이다. 《멘사 수학 퍼즐》에 암기하거나 기술로 푸는 것이 아니라 반짝이는 아이디어와 창의적인 사고력만 있다면 풀 수 있는 문제들을 담았다. 퍼즐을 풀면서 수학에 대한 흥미를 다시 되찾을 수 있기를 바란다.

해럴드 게일
전 영국멘사 이사

추천사

내 안에 잠든 천재성을 깨워라

영국에서 시작된 멘사는 1946년 롤랜드 베릴(Roland Berill)과 랜스 웨어 박사(Dr. Lance Ware)가 창립하였다. 멘사를 만들 당시에는 '머리 좋은 사람들'을 모아서 윤리·사회·교육 문제에 대한 깊이 있는 토의를 진행시켜 국가에 조언할 수 있는, 현재의 헤리티지 재단이나 국가 전략 연구소 같은 '싱크 탱크'(Think Tank)로 발전시킬 계획을 가지고 있었다. 하지만 회원들의 관심사나 성격들이 너무나 다양하여 그런 무겁고 심각한 주제에 집중할 수 없었다.

그로부터 30년이 흘러 멘사는 규모가 커지고 발전하였지만, 멘사 전체를 아우를 수 있는 공통의 관심사는 오히려 퍼즐을 만들고 푸는 일이었다. 1976년《리더스 다이제스트》라는 잡지가 멘사라는 흥미로운 집단을 발견하고 이들로부터 퍼즐을 제공받아 몇 개월간 연재하였다. 퍼즐 연재는 그 당시까지 2, 3천 명에 불과하던 멘사의 전 세계 회원수를 13만 명 규모로 증폭시킨 계기가 되었다. 비밀에 싸여 있던 신비한 모임이 퍼즐을 좋아하는 사람이라면 누구나 참여할 수 있는 대중적인 집단으로 탈바꿈한 것이다. 물론 퍼즐을 즐기는 것 외에 IQ 상위 2%라는 일정한 기준을 넘어야 멘사 입회가 허락되지만 말이다.

어떤 사람들은 "머리 좋다는 친구들이 기껏 퍼즐이나 풀며 놀고 있다"라고 빈정대기도 하지만, 퍼즐은 순수한 지적 유희로서 충분한 가치가 있다. 퍼즐은 숫자와 기호가 가진 논리적인 연관성을 찾아내는 일종의 암호풀기 놀이다. 겉으로는 별로 상관없어 보이는 것들의 연관 관계와, 그 속에 감추어진 의미를 찾아내는 지적인 보물찾기 놀이가 바로 퍼즐이다. 퍼즐은 아이들에게는 수리와 논리 훈련이 될 수 있고 청소년과 성인에게는 유쾌한 여가활동, 노년층에게는 치매를 예방하는 지적인 건강지킴이 역할을 할 것이다.

시중에는 이런 저런 멘사 퍼즐 책이 많이 나와 있다. 이런 책들의 용도는 스스로 자신에게 멘사다운 특성이 있는지 알아보는 데 있다. 우선 책을 재미로 접근하기 바란다. 멘사 퍼즐은 아주 어렵거나 심각한 문제들이 아니다. 이런 퍼즐을 풀지 못한다고 해서 학습 능력이 떨어진다거나 무능한 것은 더더욱 아니다. 이 책에 재미를 느낀다면 지금까지 자신 안에 잠재된 능력을 눈치채지 못했을 뿐, 계발하기에 따라 달라지는 무한한 잠재 능력이 숨어 있는 사람일지도 모른다.

아무쪼록 여러분이 이 책을 즐길 수 있으면 좋겠다. 또 숨겨져 있던 자신의 능력을 발견하는 계기가 된다면 더더욱 좋겠다.

멘사코리아 전(前) 회장
지형범

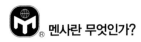 # 멘사란 무엇인가?

멘사란 '탁자'를 뜻하는 라틴어로, 지능지수 상위 2% 이내(IQ 148 이상)의 사람만 가입할 수 있는 천재들의 모임이다. 1946년 영국에서 창설되어 현재 100여 개국 이상에 13만여 명의 회원이 있다. 멘사코리아는 1998년에 문을 열었다. 멘사의 목적은 다음과 같다.

- ■ 첫째, 인류의 이익을 위해 인간의 지능을 탐구하고 배양한다.
- ■ 둘째, 지능의 본질과 특징, 활용처 연구에 힘쓴다.
- ■ 셋째, 회원들에게 지적·사회적으로 자극이 될 만한 환경을 마련한다.

IQ 점수가 전체 인구의 상위 2%에 해당하는 사람은 누구든 멘사 회원이 될 수 있다. 우리가 찾고 있는 '50명 가운데 한 명'이 혹시 당신은 아닌지?

멘사 회원이 되면 다음과 같은 혜택을 누릴 수 있다.

- ■ 국내외의 네트워크 활동과 친목 활동
- ■ 예술에서 동물학에 이르는 각종 취미 모임
- ■ 매달 발행되는 회원용 잡지와 해당 지역의 소식지
- ■ 게임 경시대회, 친목 도모 등을 위한 지역 모임
- ■ 주말마다 열리는 국내외 모임과 회의
- ■ 지적 자극에 도움이 되는 각종 강의와 세미나
- ■ 여행객을 위한 세계적인 네트워크인 'SIGHT' 이용 가능

멘사에 대한 좀 더 자세한 정보는 멘사코리아의 홈페이지를 참고하기 바란다.

- ■ 홈페이지 : www.mensakorea.org

일러두기

1. 퍼즐마다 하단의 쪽 번호 옆에 해결, 미해결을 표시할 수 있는 칸이 있습니다. 해결한 퍼즐의 개수가 늘어날수록 여러분이 느끼는 지적 쾌감도 커질 테니, 잊지 말고 체크하시기 바랍니다.

2. 문제 해결 방법에는 이 책에 실린 풀이법 이외에도 다양한 풀이 과정이 있을 수 있습니다. 창의력을 발휘해 다른 방법으로도 풀어보시기 바랍니다.

3. 문제 난이도는 별 개수로 표시해두었습니다.

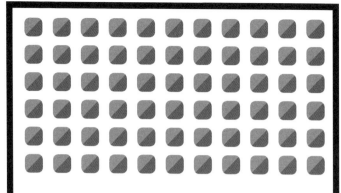

MATH A

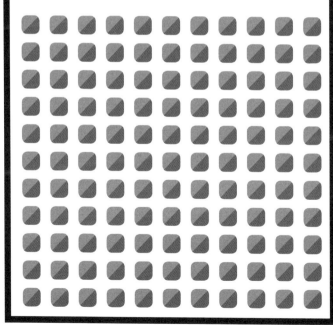

아래 표에서 가로줄, 세로줄, 대각선 줄에 있는 숫자 다섯 개의 합은 각각 85이다. 빈칸을 채워 표를 완성하라. 빈칸에 들어갈 숫자는 네 개뿐이며, 중복해서 쓸 수 있다. 네 개의 숫자는 무엇일까?

25	9		5	
12	22	24		4
24	20	17	14	
13			12	39
				9

답: 210쪽

아래 숫자들은 특정한 규칙에 따라서 나열되어 있다. 마지막 삼각형에 들어갈 숫자는 무엇일까?

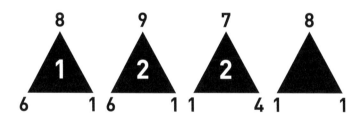

답: 210쪽

★★★☆

아래 격자에서 숫자들은 다른 숫자와 일정한 관계가 있다. 물음표에 들어갈 숫자는 무엇일까?

7	4	5	6	?
5	?	1	3	4
?	9	?	0	0
8	1	3	3	4
4	5	3	6	?

답: 210쪽

아래 원에 8개의 부채꼴과 3개의 동심원이 있다. 각 부채꼴에 적힌 숫자 세 개를 더한 값이 같아야 한다. 또, 각 동심원에 적힌 숫자 여덟 개를 더한 값도 같아야 한다. 빈칸에 들어갈 숫자는 무엇일까?

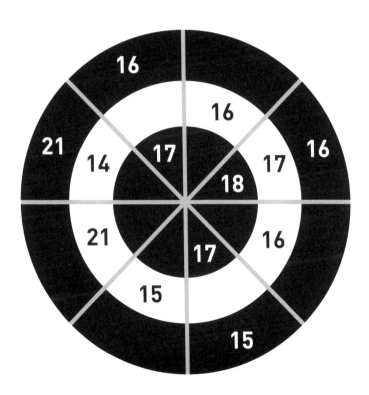

답: 210쪽

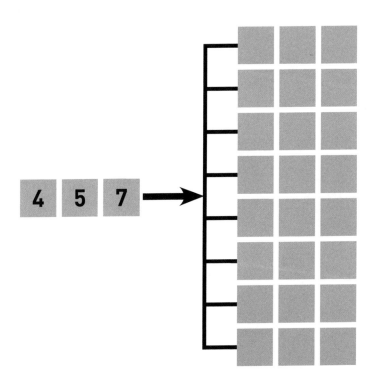

457 뒤에 100보다 큰 세 자리 숫자를 붙여 여섯 자리 숫자 여덟 개를 만들어라. 단, 여섯 자리 숫자를 55.5로 나누었을 때 모두 나머지 없이 나누어떨어져야 한다. 세 자리 숫자는 무엇일까?

4 **5** **7**

답: 211쪽

아래 금고는 모든 버튼을 정해진 순서대로 한 번씩만 눌러야 열린다. 단, 마지막으로 누르는 버튼은 반드시 F여야 한다. 버튼에 적힌 숫자와 문자는 이동하는 칸의 수와 방향을 의미한다. 즉, 1U는 위(Up)로 한 칸, 1L은 왼쪽(Left)으로 한 칸 이동하라는 뜻이다. 금고를 열려면 가장 처음에 눌러야 하는 버튼은 어떤 것일까?

4R	4R	2D	1D	6D	1D
1R	5D	F	1D	4D	1L
1U	1D	1L	2R	1D	1L
3U	3U	3U	1L	1R	2L
1D	2R	2D	3L	1R	3L
3U	1U	1R	1D	2L	4L
3U	1L	5U	2R	2U	1U

답: 211쪽

아래 수평저울들은 모두 균형을 이루고 있다. 마지막 저울에 들어갈 클로버(♣)는 몇 개일까?

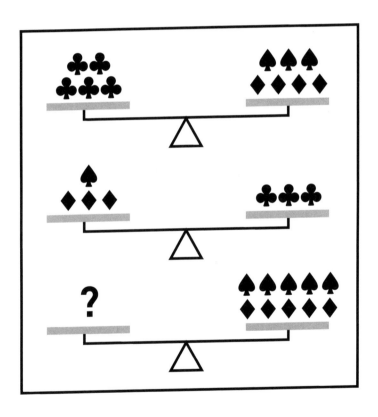

답: 211쪽

한가운데 원에서 출발해 맞닿아 있는 원으로 이동한다. 이때 세 번
이동해서 지나온 숫자 네 개를 더해서 15가 나와야 한다. 단, 숫자
조합이 같더라도 방향이 다르면 다른 경로로 인정한다. 가능한 경
로는 모두 몇 가지일까?

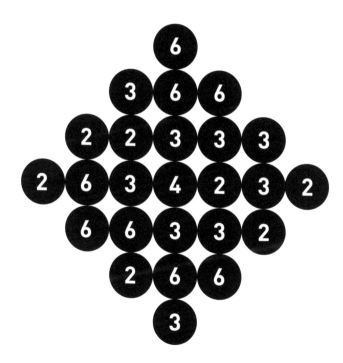

답: 211쪽

아래 금고는 모든 버튼을 정해진 순서대로 한 번씩만 눌러야 열린다. 단, 마지막으로 누르는 버튼은 반드시 F여야 한다. 버튼에 적힌 숫자와 문자는 이동하는 칸의 수와 방향을 의미한다. 즉, 1U는 위(Up)로 한 칸, 1L은 왼쪽(Left)으로 한 칸 이동하라는 뜻이다. 금고를 열려면 가장 처음에 눌러야 하는 버튼은 어떤 것일까?

1D	1L	2D	1R	1D	3D
2R	F	1U	2L	1R	1D
1D	3R	1L	1U	1L	5L
1R	3U	2D	1R	1D	3D
2D	1D	1R	1D	2L	5L
4R	1L	3R	5U	1D	1U
1R	2U	3U	3U	1L	3L

답: 211쪽

아래 수평저울들은 모두 균형을 이루고 있다. 마지막 저울에 들어갈 클로버(♣)는 몇 개일까?

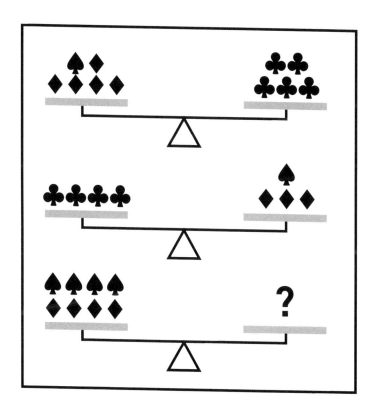

답: 211쪽

아래 숫자들은 특정한 규칙에 따라서 나열되어 있다. 마지막 삼각형에 들어갈 숫자는 무엇일까?

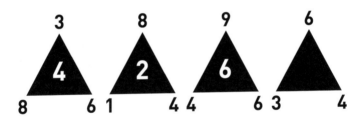

답: 211쪽

아래 격자에서 숫자들은 다른 숫자와 일정한 관계가 있다. 물음표에 들어갈 숫자는 무엇일까?

3	2	1	4	5
2	4	?	4	4
5	?	7	8	9
4	4	3	2	3
?	8	9	?	7

답: 211쪽

아래 조각들을 알맞게 배열해서 5×5 정사각형을 만들어라. 단, 위에서부터 첫 번째로 나오는 가로줄과 왼쪽에서부터 첫 번째로 나오는 세로줄에 똑같은 다섯 자리 숫자가 나와야 한다. 이 규칙은 첫 번째 가로줄, 세로줄의 숫자부터 다섯 번째 가로줄, 세로줄의 숫자까지 적용된다. 조각을 어떻게 배열해야 할까?

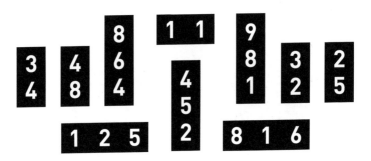

답: 212쪽

맨 아랫줄 왼쪽 끝에서 출발해서 화살표를 따라 이동한다. 맨 윗줄 오른쪽 끝에 도착하면 지나온 숫자 다섯 개를 모두 더해라. 단, 검은색 원을 지날 때마다 8을 뺀다. 합계가 155가 되는 경로는 모두 몇 가지일까?

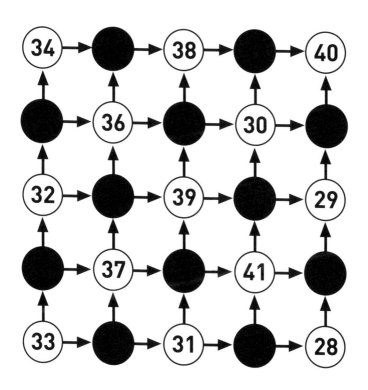

답: 212쪽

★★☆☆

맨 아랫줄 왼쪽 끝에서 출발해서 위쪽, 오른쪽으로만 이동한다. 맨 윗줄 오른쪽 끝에 도착하면 지나온 숫자 아홉 개를 모두 더해라. 합계가 66이 되는 경로는 모두 몇 가지일까?

9	8	6	6	6
8	9	5	7	7
6	6	9	8	5
9	7	8	9	8
5	8	5	5	6

답: 212쪽

한가운데 원에서 출발해 맞닿아 있는 원으로 이동한다. 이때 세 번 이동해서 지나온 숫자 네 개를 더해서 86이 나와야 한다. 단, 숫자 조합이 같더라도 방향이 다르면 다른 경로로 인정한다. 가능한 경로는 모두 몇 가지일까?

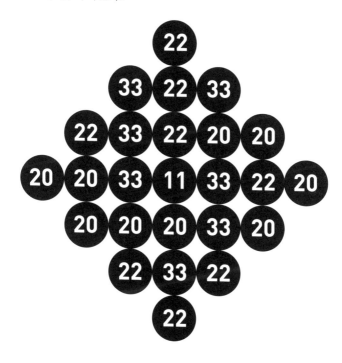

답: 212쪽

문제
017

★★★★

531 뒤에 100보다 큰 세 자리 숫자를 붙여 여섯 자리 숫자 여섯 개를 만들어라. 단, 여섯 자리 숫자를 40.5로 나누었을 때 모두 나머지 없이 나누어떨어져야 한다. 이번에는 첫 번째 숫자가 제시되어 있다. 세 자리 숫자는 무엇일까?

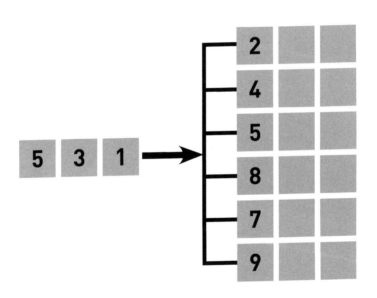

답: 212쪽

아래 조각들을 알맞게 배열해서 5×5 정사각형을 만들어라. 단, 위에서부터 첫 번째로 나오는 가로줄과 왼쪽에서부터 첫 번째로 나오는 세로줄에 똑같은 다섯 자리 숫자가 나와야 한다. 이 규칙은 첫 번째 가로줄, 세로줄의 숫자부터 다섯 번째 가로줄, 세로줄의 숫자까지 적용된다. 조각을 어떻게 배열해야 할까?

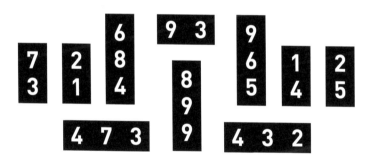

답: 212쪽

아래 표에서 가로줄, 세로줄, 대각선 줄에 있는 숫자 다섯 개의 합은 각각 80이다. 빈칸을 채워 표를 완성하라. 빈칸에 들어갈 숫자는 세 개뿐이며, 중복해서 쓸 수 있다. 세 개의 숫자는 무엇일까?

19		22	6	
9		23	20	7
20		16		
		9		27
	14	10	32	13

답: 213쪽

★☆☆☆

아래 표에서 각 세로줄의 숫자는 다른 세로줄의 숫자와 연관되어 있다. 빈칸에 들어갈 숫자는 무엇일까?

A	B	C	D	E
8	2	8	6	4
9	4	7	5	1
9	3	8	6	
7	1	8	6	5
7	2	7	5	

답: 213쪽

★★★★

아래 조각들을 알맞게 배열해서 5×5 정사각형을 만들어라. 단, 위에서부터 첫 번째로 나오는 가로줄과 왼쪽에서부터 첫 번째로 나오는 세로줄에 똑같은 다섯 자리 숫자가 나와야 한다. 이 규칙은 첫 번째 가로줄, 세로줄의 숫자부터 다섯 번째 가로줄, 세로줄의 숫자까지 적용된다. 조각을 어떻게 배열해야 할까?

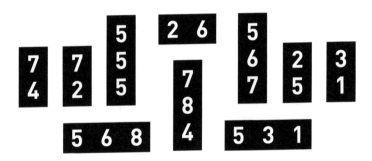

아래 원에 8개의 부채꼴과 3개의 동심원이 있다. 각 부채꼴에 적힌 숫자 세 개를 더한 값이 같아야 한다. 또, 각 동심원에 적힌 숫자 여덟 개를 더한 값도 같아야 한다. 빈칸에 들어갈 숫자는 무엇일까?

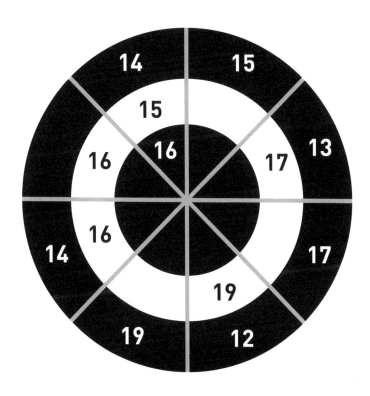

답: 214쪽

★★☆☆

아래 숫자판에 다트 네 개를 던져서 총점 49점을 만들어라. 한 숫자를 여러 번 맞힐 수 있다. 단, 던진 순서만 다른 숫자 조합은 점수로 인정하지 않는다. 가능한 숫자 조합은 모두 몇 가지일까?

답: 214쪽

아래 표에서 각 무늬는 특정한 숫자를 뜻한다. 표의 오른쪽과 아래쪽에 적힌 숫자들은 각 가로줄, 세로줄의 숫자들을 더한 값이다. 물음표에 들어갈 숫자는 무엇일까?

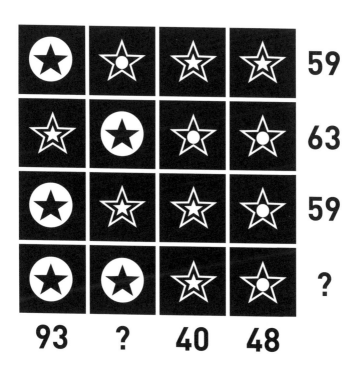

★★☆☆

맨 아랫줄 왼쪽 끝에서 출발해서 화살표를 따라 이동한다. 맨 윗줄 오른쪽 끝에 도착하면 지나온 숫자 다섯 개를 모두 더해라. 단, 검은 색 원을 지날 때마다 2를 더한다. 합계가 40이 되는 경로는 모두 몇 가지일까?

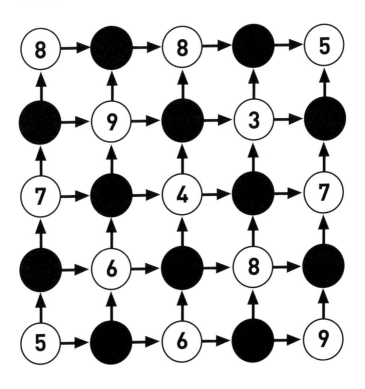

답: 214쪽

네 모퉁이 중 한 곳에서 출발해야 한다. 선을 따라 네 번 이동해서 지나온 숫자 다섯 개를 더해라. 합계가 29가 되는 경로는 모두 몇 가지일까?

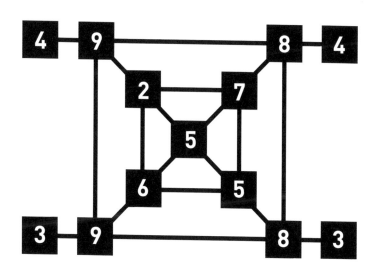

답: 214쪽

★☆☆☆

아래 표에서 가로줄, 세로줄, 대각선 줄에 있는 숫자 다섯 개의 합은 각각 70이다. 빈칸을 채워 표를 완성하라. 빈칸에 들어갈 숫자는 세 개뿐이며, 중복해서 쓸 수 있다. 세 개의 숫자는 무엇일까?

19	12		4	
13		19		3
	20	14	8	10
	10		11	31
11	11	10	29	

답: 215쪽

★☆☆☆

아래 표에서 각 세로줄의 숫자는 다른 세로줄의 숫자와 연관되어 있다. 빈칸에 들어갈 숫자는 무엇일까?

A	B	C	D	E
8	0	8	9	8
5	4	1	2	5
6	2	4	5	6
4	1	3	4	
3	2	1	2	3

답: 215쪽

네 모퉁이 중 한 곳에서 출발해야 한다. 선을 따라 네 번 이동해서 지나온 숫자 다섯 개를 더해라. 합계가 17이 되는 경로는 모두 몇 가지일까?

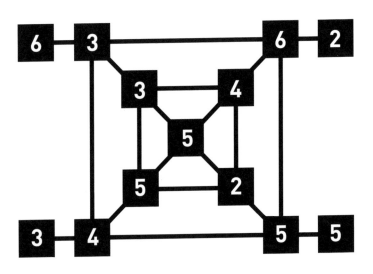

맨 아랫줄 왼쪽 끝에서 출발해서 위쪽, 오른쪽으로만 이동한다. 맨 윗줄 오른쪽 끝에 도착하면 지나온 숫자 아홉 개를 모두 더해라. 합계가 30이 되는 경로는 모두 몇 가지일까?

1	5	0	0	3
0	3	5	3	6
3	6	3	1	2
2	5	6	2	1
0	2	2	0	4

답: 215쪽

아래 수평저울들은 모두 균형을 이루고 있다. 마지막 저울에 들어
갈 스페이드(♠)는 몇 개일까?

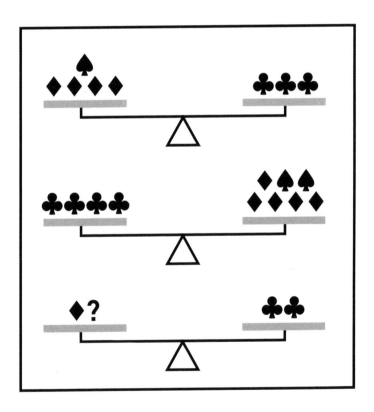

답: 215쪽

아래 원에 8개의 부채꼴과 3개의 동심원이 있다. 각 부채꼴에 적힌 숫자 세 개를 더한 값이 같아야 한다. 또, 각 동심원에 적힌 숫자 여 덟 개를 더한 값도 같아야 한다. 빈칸에 들어갈 숫자는 무엇일까?

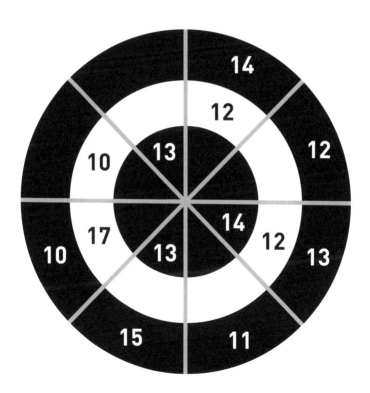

685 뒤에 100보다 큰 세 자리 숫자를 붙여 여섯 자리 숫자 여섯 개를 만들어라. 단, 여섯 자리 숫자를 111로 나누었을 때 모두 나머지 없이 나누어떨어져야 한다. 세 자리 숫자는 무엇일까?

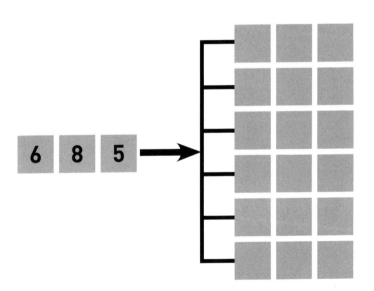

답: 216쪽

맨 아랫줄 왼쪽 끝에서 출발해서 화살표를 따라 이동한다. 맨 윗줄 오른쪽 끝에 도착하면 지나온 숫자 다섯 개를 모두 더해라. 단, 검은색 원을 지날 때마다 13을 뺀다. 합계가 69가 되는 경로는 모두 몇 가지일까?

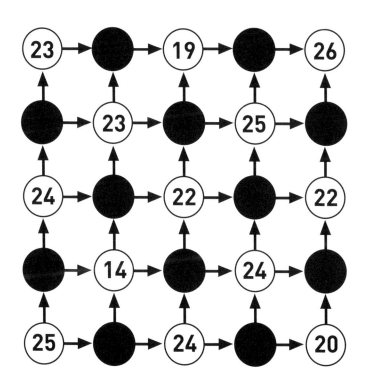

답: 216쪽

아래 표에서 가로줄, 세로줄, 대각선 줄에 있는 숫자 다섯 개의 합은 각각 15이다. 빈칸을 채워 표를 완성하라. 빈칸에 들어갈 숫자는 세 개뿐이며, 중복해서 쓸 수 있다. 세 개의 숫자는 무엇일까?

	2		1	
2				1
			2	2
	2	2	2	6
2		2		2

답: 216쪽

★★☆☆ ───

문제 036

맨 아랫줄 왼쪽 끝에서 출발해서 화살표를 따라 이동한다. 맨 윗줄 오른쪽 끝에 도착하면 지나온 숫자 다섯 개를 모두 더해라. 단, 검은 색 원을 지날 때마다 9를 더한다. 합계가 94가 되는 경로는 모두 몇 가지일까?

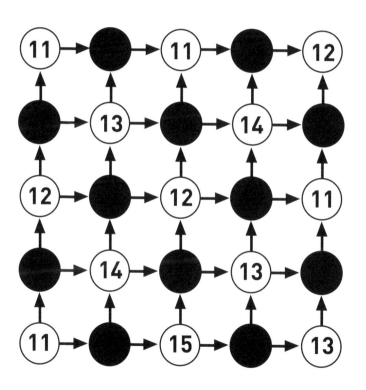

답: 216쪽

아래 표에서 각 무늬는 특정한 숫자를 뜻한다. 표의 오른쪽과 아래쪽에 적힌 숫자들은 각 가로줄, 세로줄의 숫자들을 더한 값이다. 물음표에 들어갈 숫자는 무엇일까?

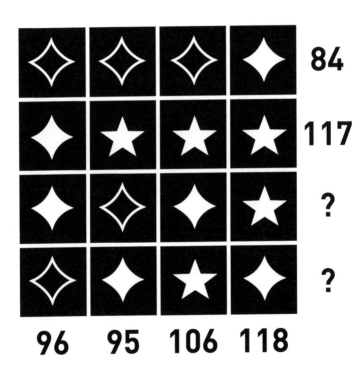

아래 표에서 각 세로줄의 숫자는 다른 세로줄의 숫자와 연관되어 있다. 빈칸에 들어갈 숫자는 무엇일까?

A	B	C	D	E
9	2	9	7	
5	2	5	3	1
5	1	6	4	3
5	0	7	5	
6	3	5	3	0

답: 217쪽

아래 표에서 가로줄, 세로줄, 대각선 줄에 있는 숫자 다섯 개의 합은 각각 65이다. 빈칸을 채워 표를 완성하라. 빈칸에 들어갈 숫자는 두 개뿐이며, 중복해서 쓸 수 있다. 두 개의 숫자는 무엇일까?

	10		4	
8		19		4
	22	13	4	
14		7		26
	7		31	

답: 217쪽

아래 금고는 모든 버튼을 정해진 순서대로 한 번씩만 눌러야 열린다. 단, 마지막으로 누르는 버튼은 반드시 F여야 한다. 버튼에 적힌 숫자와 문자는 이동하는 칸의 수와 방향을 의미한다. 즉, 1U는 위(Up)로 한 칸, 1L은 왼쪽(Left)으로 한 칸 이동하라는 뜻이다. 금고를 열려면 가장 처음에 눌러야 하는 버튼은 어떤 것일까?

2R	2D	4D	1R	F	4L
3R	5D	3R	1U	3L	1U
2R	1D	1U	2R	3D	1L
1U	1R	2D	2D	4L	2L
4U	2R	2R	2U	3U	5L
4U	1U	1D	2R	2U	1U
1U	1U	2R	3L	1L	3U

답: 217쪽

★★☆☆

아래 숫자들은 특정한 규칙에 따라서 나열되어 있다. 마지막 삼각형에 들어갈 숫자는 무엇일까?

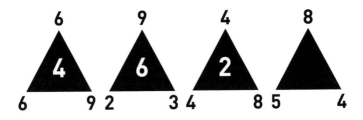

458 뒤에 100보다 큰 세 자리 숫자를 붙여 여섯 자리 숫자 여섯 개를 만들어라. 단, 여섯 자리 숫자를 122로 나누었을 때 모두 나머지 없이 나누어떨어져야 한다. 세 자리 숫자는 무엇일까?

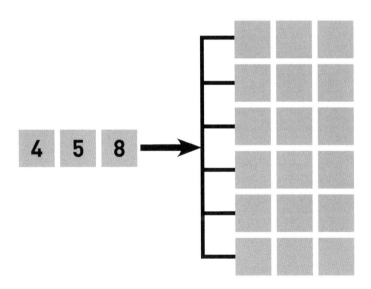

답: 218쪽

아래 숫자판에 다트 세 개를 던져서 총점 26점을 만들어라. 한 숫자를 여러 번 맞힐 수 있다. 단, 던진 순서만 다른 숫자 조합은 점수로 인정하지 않는다. 가능한 숫자 조합은 모두 몇 가지일까?

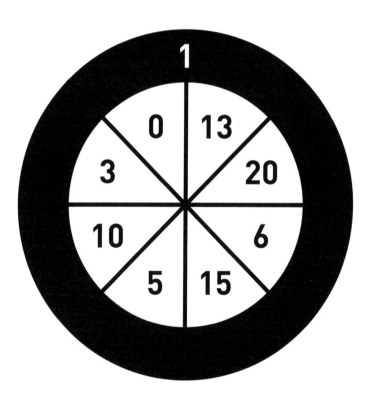

답: 218쪽

아래 금고는 모든 버튼을 정해진 순서대로 한 번씩만 눌러야 열린다. 단, 마지막으로 누르는 버튼은 반드시 F여야 한다. 버튼에 적힌 숫자와 문자는 이동하는 칸의 수와 방향을 의미한다. 즉, 1U는 위(Up)로 한 칸, 1L은 왼쪽(Left)으로 한 칸 이동하라는 뜻이다. 금고를 열려면 가장 처음에 눌러야 하는 버튼은 어떤 것일까?

1D	1D	1L	3L	6D	1L
2R	4R	1U	1D	1L	1U
1D	1D	1L	2R	3D	1L
2R	4R	1U	3U	F	2L
2U	1L	1D	1L	3U	1L
1D	1L	1R	2R	2U	1D
2R	2U	1L	2U	1L	2U

답: 218쪽

아래 원에 8개의 부채꼴과 3개의 동심원이 있다. 각 부채꼴에 적힌 숫자 세 개를 더한 값이 같아야 한다. 또, 각 동심원에 적힌 숫자 여덟 개를 더한 값도 같아야 한다. 빈칸에 들어갈 숫자는 무엇일까?

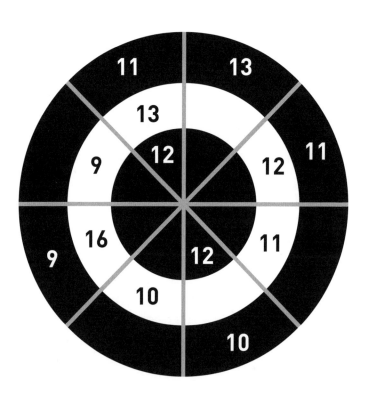

답: 218쪽

아래 조각들을 알맞게 배열해서 5×5 정사각형을 만들어라. 단, 위에서부터 첫 번째로 나오는 가로줄과 왼쪽에서부터 첫 번째로 나오는 세로줄에 똑같은 다섯 자리 숫자가 나와야 한다. 이 규칙은 첫 번째 가로줄, 세로줄의 숫자부터 다섯 번째 가로줄, 세로줄의 숫자까지 적용된다. 조각을 어떻게 배열해야 할까?

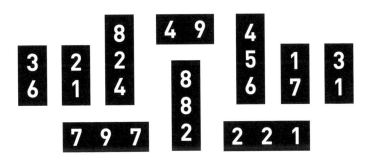

답: 218쪽

아래 금고는 모든 버튼을 정해진 순서대로 한 번씩만 눌러야 열린다. 단, 마지막으로 누르는 버튼은 반드시 F여야 한다. 버튼에 적힌 숫자와 문자는 이동하는 칸의 수와 방향을 의미한다. 즉, 1U는 위(Up)로 한 칸, 1L은 왼쪽(Left)으로 한 칸 이동하라는 뜻이다. 금고를 열려면 가장 처음에 눌러야 하는 버튼은 어떤 것일까?

6D	3D	4D	2R	2L	5L
3R	1U	1D	1D	3L	1L
1D	2D	2L	1R	3D	4L
2D	1R	3D	2R	F	1D
3U	2D	2L	4U	1U	1L
1R	1R	1R	2U	1R	4U
5R	2R	5U	1R	6U	4U

답: 219쪽

★★★☆

아래 그림에서 행성 A와 B는 태양을 중심으로 시계 방향으로 돌고 있다. A 행성의 공전 주기는 5년, B 행성의 공전 주기는 15년이다. 두 행성과 태양이 다시 일직선을 이루는 시기는 몇 년 후일까?

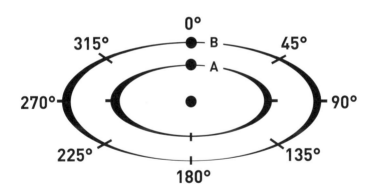

답: 219쪽

문제 049 ★★☆☆

맨 아랫줄 왼쪽 끝에서 출발해서 화살표를 따라 이동한다. 맨 윗줄 오른쪽 끝에 도착하면 지나온 숫자 다섯 개를 모두 더해라. 단, 검은색 원을 지날 때마다 7을 뺀다. 합계가 51이 되는 경로는 모두 몇 가지일까?

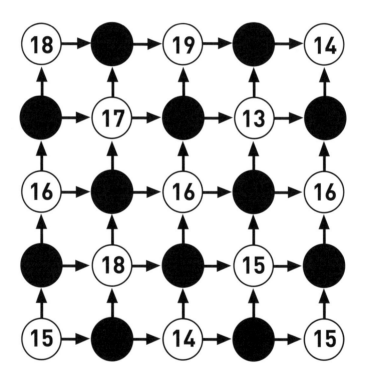

답: 219쪽

아래 원에 8개의 부채꼴과 3개의 동심원이 있다. 각 부채꼴에 적힌 숫자 세 개를 더한 값이 같아야 한다. 또, 각 동심원에 적힌 숫자 여덟 개를 더한 값도 같아야 한다. 빈칸에 들어갈 숫자는 무엇일까?

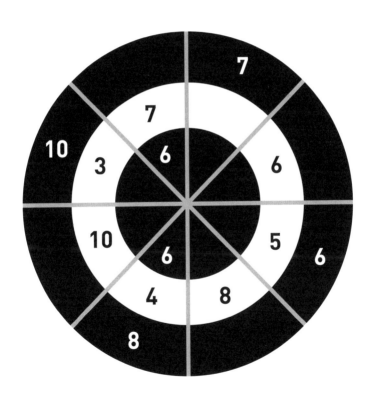

답: 219쪽

★★☆☆

한가운데 원에서 출발해 맞닿아 있는 원으로 이동한다. 이때 세 번 이동해서 지나온 숫자 네 개를 더해서 83이 나와야 한다. 단, 숫자 조합이 같더라도 방향이 다르면 다른 경로로 인정한다. 가능한 경로는 모두 몇 가지일까?

답: 219쪽

아래 표에서 각 세로줄의 숫자는 다른 세로줄의 숫자와 연관되어 있다. 빈칸에 들어갈 숫자는 무엇일까?

A	B	C	D	E
9	3	6	7	9
8	3	5	6	8
7	3	4	5	
7	6	1	2	
6	5	1	2	6

답: 219쪽

★★☆☆

맨 아랫줄 왼쪽 끝에서 출발해서 화살표를 따라 이동한다. 맨 윗줄 오른쪽 끝에 도착하면 지나온 숫자 다섯 개를 모두 더해라. 단, 검은색 원을 지날 때마다 11을 더한다. 합계가 80이 되는 경로는 모두 몇 가지일까?

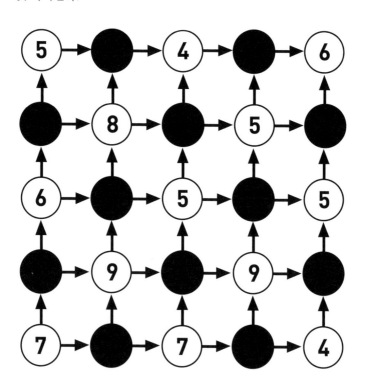

★★☆☆

문제
054

아래 수평저울들은 모두 균형을 이루고 있다. 마지막 저울에 들어갈 클로버(♣)는 몇 개일까?

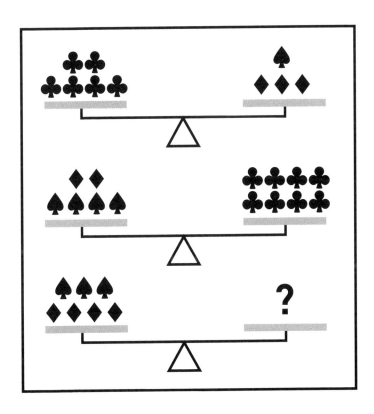

답: 220쪽

아래 금고는 모든 버튼을 정해진 순서대로 한 번씩만 눌러야 열린다. 단, 마지막으로 누르는 버튼은 반드시 F여야 한다. 버튼에 적힌 숫자와 문자는 이동하는 칸의 수와 방향을 의미한다. 즉, 1U는 위(Up)로 한 칸, 1L은 왼쪽(Left)으로 한 칸 이동하라는 뜻이다. 금고를 열려면 가장 처음에 눌러야 하는 버튼은 어떤 것일까?

3D	1R	5D	2R	4L	4D
3R	5D	1L	2D	1D	2D
1U	1L	3R	F	2L	2L
3D	3U	1D	2L	3U	3L
1R	2U	1R	1D	3U	2D
1U	1L	3R	1R	1U	4U
3R	1U	5U	6U	3U	3L

답: 220쪽

한가운데 원에서 출발해 맞닿아 있는 원으로 이동한다. 이때 세 번 이동해서 지나온 숫자 네 개를 더해서 100이 나와야 한다. 단, 숫자 조합이 같더라도 방향이 다르면 다른 경로로 인정한다. 가능한 경로는 모두 몇 가지일까?

답: 220쪽

★★☆☆

아래 숫자판에 다트 세 개를 던져서 총점 42점을 만들어라. 한 숫자를 여러 번 맞힐 수 있다. 단, 던진 순서만 다른 숫자 조합은 점수로 인정하지 않는다. 가능한 숫자 조합은 모두 몇 가지일까?

맨 아랫줄 왼쪽 끝에서 출발해서 위쪽, 오른쪽으로만 이동한다. 맨 윗줄 오른쪽 끝에 도착하면 지나온 숫자 아홉 개를 모두 더해라. 나올 수 있는 가장 큰 숫자와 가장 작은 숫자는 무엇일까?

9	8	5	9	5
6	5	8	6	9
8	9	7	5	6
7	9	4	8	7
4	6	4	5	4

답: 220쪽

아래 조각들을 알맞게 배열해서 5×5 정사각형을 만들어라. 단, 위에서부터 첫 번째로 나오는 가로줄과 왼쪽에서부터 첫 번째로 나오는 세로줄에 똑같은 다섯 자리 숫자가 나와야 한다. 이 규칙은 첫 번째 가로줄, 세로줄의 숫자부터 다섯 번째 가로줄, 세로줄의 숫자까지 적용된다. 조각을 어떻게 배열해야 할까?

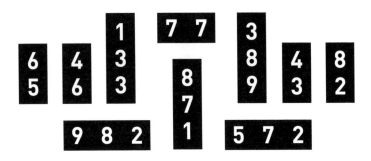

답: 220쪽

아래 표에서 각 무늬는 특정한 숫자를 뜻한다. 표의 오른쪽과 아래쪽에 적힌 숫자들은 각 가로줄, 세로줄의 숫자들을 더한 값이다. 물음표에 들어갈 숫자는 무엇일까?

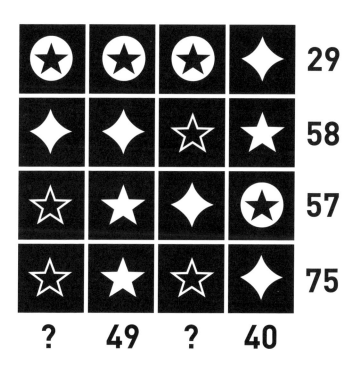

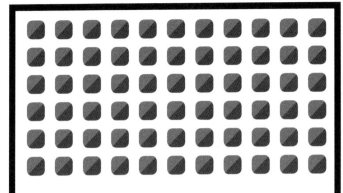

MATH B

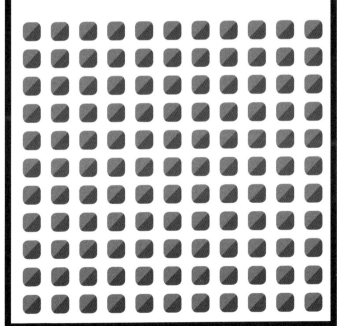

맨 아랫줄 왼쪽 끝에서 출발해서 위쪽, 오른쪽으로만 이동한다. 맨 윗줄 오른쪽 끝에 도착하면 지나온 숫자 아홉 개를 모두 더해라. 합계가 60이 되는 경로는 모두 몇 가지일까?

4	9	7	7	4
8	9	4	5	7
6	6	4	9	9
7	8	8	8	6
5	5	6	5	5

답: 221쪽

아래 표에서 각 세로줄의 숫자는 다른 세로줄의 숫자와 연관되어 있다. 빈칸에 들어갈 숫자는 무엇일까?

A	B	C	D	E
9	0	9	9	0
5	3	2	8	6
6	2	4	8	
7	2	5	9	
2	1	1	3	2

답: 221쪽

네 모퉁이 중 한 곳에서 출발한다. 선을 따라 네 번 이동해서 지나온 숫자 다섯 개를 더하라. 나올 수 있는 가장 큰 숫자는 무엇이고, 그 숫자가 나오는 경로는 몇 가지일까?

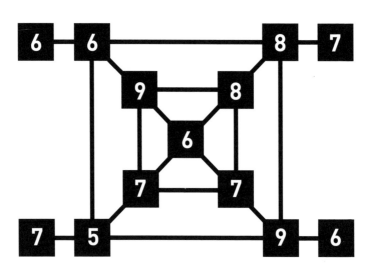

답: 221쪽

985 뒤에 100보다 큰 세 자리 숫자를 붙여 여섯 자리 숫자 여섯 개를 만들어라. 단, 여섯 자리 숫자를 133으로 나누었을 때 모두 나머지 없이 나누어떨어져야 한다. 세 자리 숫자는 무엇일까?

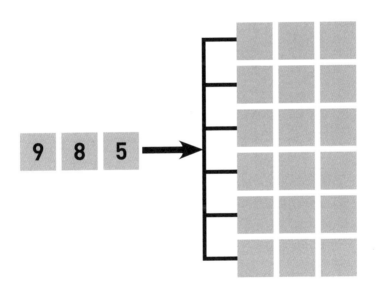

답: 221쪽

★★☆☆

아래 표에서 가로줄, 세로줄, 대각선 줄에 있는 숫자 다섯 개의 합은 각각 10이다. 빈칸을 채워 표를 완성하라. 빈칸에 들어갈 숫자는 세 개뿐이며, 중복해서 쓸 수 있다. 세 개의 숫자는 무엇일까?

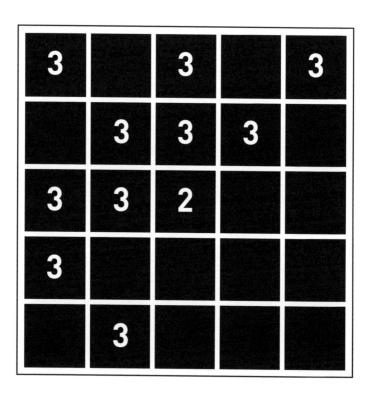

답: 221쪽

아래 숫자들은 특정한 규칙에 따라서 나열되어 있다. 마지막 삼각
형에 들어갈 숫자는 무엇일까?

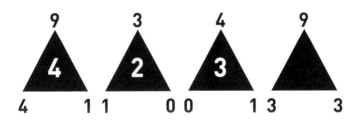

답: 222쪽

아래 금고는 모든 버튼을 정해진 순서대로 한 번씩만 눌러야 열린다. 단, 마지막으로 누르는 버튼은 반드시 F여야 한다. 버튼에 적힌 숫자와 문자는 이동하는 칸의 수와 방향을 의미한다. 즉, 1U는 위(Up)로 한 칸, 1L은 왼쪽(Left)으로 한 칸 이동하라는 뜻이다. 금고를 열려면 가장 처음에 눌러야 하는 버튼은 어떤 것일까?

3D	1L	3D	1L	1D	1D
3R	1U	1D	1U	2L	2D
1U	1L	3R	1R	4D	2U
1R	1U	2R	1U	3U	2L
1R	F	2L	1D	1D	1L
1D	1D	1U	2L	1R	5L
3R	1R	1U	2U	1R	2U

답: 222쪽

아래 원에 8개의 부채꼴과 3개의 동심원이 있다. 각 부채꼴에 적힌
숫자 세 개를 더한 값이 같아야 한다. 또, 각 동심원에 적힌 숫자 여
덟 개를 더한 값도 같아야 한다. 빈칸에 들어갈 숫자는 무엇일까?

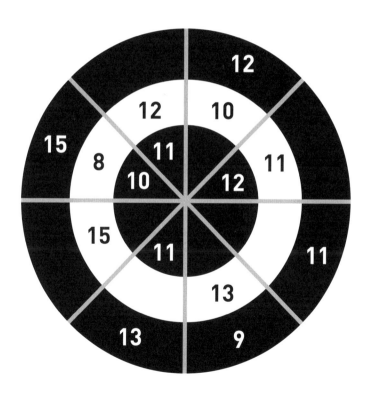

답: 222쪽

맨 아랫줄 왼쪽 끝에서 출발해서 화살표를 따라 이동한다. 맨 윗줄 오른쪽 끝에 도착하면 지나온 숫자 다섯 개를 모두 더해라. 단, 검은 색 원을 지날 때마다 3을 뺀다. 한 가지 경로로만 만들 수 있는 숫자 는 무엇일까?

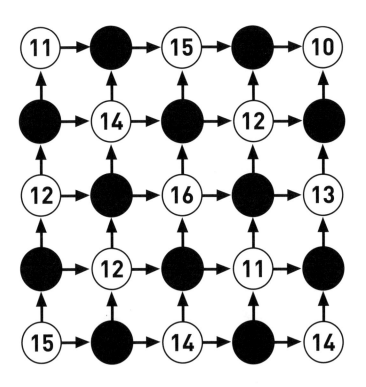

답: 222쪽

네 모퉁이 중 한 곳에서 출발한다. 선을 따라 네 번 이동해서 지나온 숫자 다섯 개를 더해라. 나올 수 있는 가장 작은 숫자는 무엇이고, 그 숫자가 나오는 경로는 몇 가지일까?

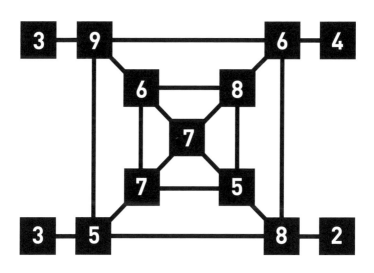

답: 222쪽

아래 조각들을 알맞게 배열해서 5×5 정사각형을 만들어라. 단, 위에서부터 첫 번째로 나오는 가로줄과 왼쪽에서부터 첫 번째로 나오는 세로줄에 똑같은 다섯 자리 숫자가 나와야 한다. 이 규칙은 첫 번째 가로줄, 세로줄의 숫자부터 다섯 번째 가로줄, 세로줄의 숫자까지 적용된다. 조각을 어떻게 배열해야 할까?

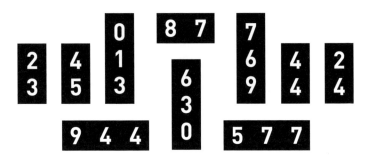

답: 223쪽

888 뒤에 100보다 큰 세 자리 숫자를 붙여 여섯 자리 숫자 여섯 개를 만들어라. 단, 여섯 자리 숫자를 77로 나누었을 때 모두 나머지 없이 나누어떨어져야 한다. 이번에는 첫 번째 숫자가 제시되어 있다. 세 자리 숫자는 무엇일까?

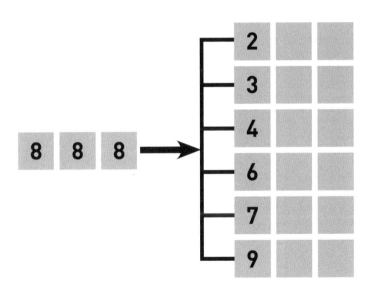

답: 223쪽

아래 격자에서 숫자들은 다른 숫자와 일정한 관계가 있다. 물음표에 들어갈 숫자는 무엇일까?

6	5	2	3	4
4	2	7	3	5
3	1	3	?	3
7	4	1	1	?
3	3	?	5	1

답: 223쪽

한가운데 원에서 출발해 맞닿아 있는 원으로 이동한다. 이때 세 번 이동해서 지나온 숫자 네 개를 더해서 30이 나와야 한다. 단, 숫자 조합이 같더라도 방향이 다르면 다른 경로로 인정한다. 가능한 경로는 모두 몇 가지일까?

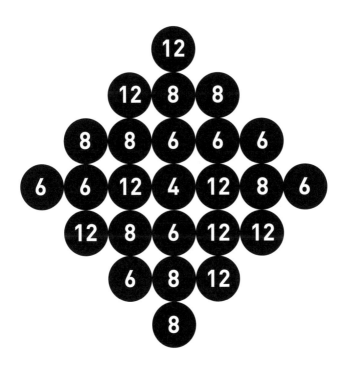

답: 223쪽

★★☆☆

맨 아랫줄 왼쪽 끝에서 출발해서 위쪽, 오른쪽으로만 이동한다. 맨 윗줄 오른쪽 끝에 도착하면 지나온 숫자 아홉 개를 모두 더해라. 합계가 31이 되는 경로는 모두 몇 가지일까?

3	2	1	3	2
2	3	4	2	3
1	5	2	4	4
5	2	5	1	2
4	5	3	5	5

답: 223쪽

854 뒤에 100보다 큰 세 자리 숫자를 붙여 여섯 자리 숫자 여섯 개
를 만들어라. 단, 여섯 자리 숫자를 149로 나누었을 때 모두 나머지
없이 나누어떨어져야 한다. 세 자리 숫자는 무엇일까?

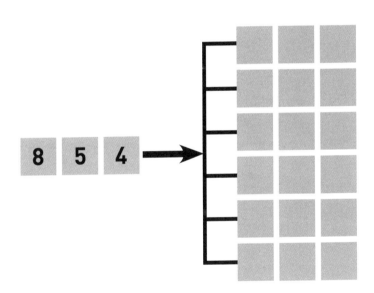

답: 223쪽

★★★☆

아래 그림에서 행성 A와 B는 태양을 중심으로 시계 방향으로 돌고 있다. A 행성의 공전 주기는 20년, B 행성의 공전 주기는 100년이다. 두 행성과 태양이 다시 일직선을 이루는 시기는 몇 년 후일까?

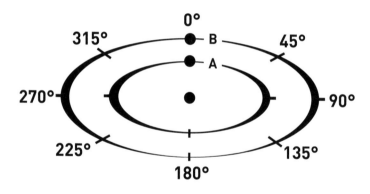

답: 224쪽

아래 표에서 각 세로줄의 숫자는 다른 세로줄의 숫자와 연관되어 있다. 빈칸에 들어갈 숫자는 무엇일까?

A	B	C	D	E
6	3	5	8	8
7	3	6	9	9
5	3	4	7	7
6	0	2	5	2
5	0	1	4	

답: 224쪽

★★☆☆

아래 표에서 각 무늬는 특정한 숫자를 뜻한다. 표의 오른쪽과 아래쪽에 적힌 숫자들은 각 가로줄, 세로줄의 숫자들을 더한 값이다. 물음표에 들어갈 숫자는 무엇일까?

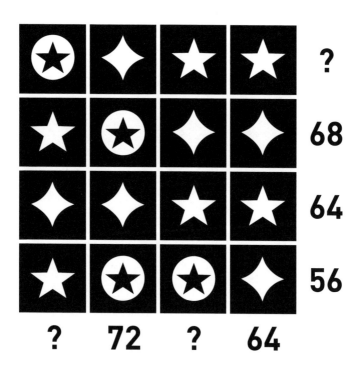

답: 224쪽

네 모퉁이 중 한 곳에서 출발한다. 선을 따라 네 번 이동해서 지나온
숫자 다섯 개를 더해라. 나올 수 있는 가장 작은 숫자는 무엇일까?

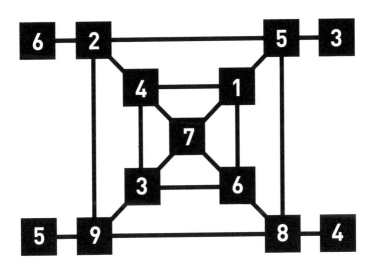

한가운데 원에서 출발해 맞닿아 있는 원으로 이동한다. 이때 세 번 이동해서 지나온 숫자 네 개를 더해서 10이 나와야 한다. 단, 숫자 조합이 같더라도 방향이 다르면 다른 경로로 인정한다. 가능한 경로는 모두 몇 가지일까?

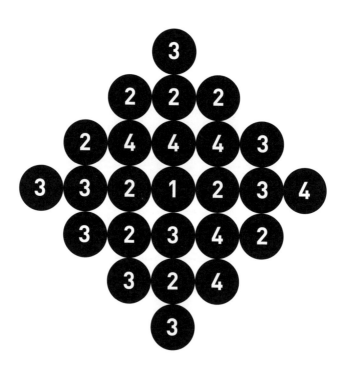

답: 224쪽

아래 격자에서 숫자들은 다른 숫자와 일정한 관계가 있다. 물음표에 들어갈 숫자는 무엇일까?

4	5	9	0	8
2	?	6	8	7
2	2	2	2	1
5	6	?	2	1
7	8	5	4	2

답: 224쪽

아래 표에서 각 무늬는 특정한 숫자를 뜻한다. 표의 오른쪽과 아래쪽에 적힌 숫자들은 각 가로줄, 세로줄의 숫자들을 더한 값이다. 물음표에 들어갈 숫자는 무엇일까?

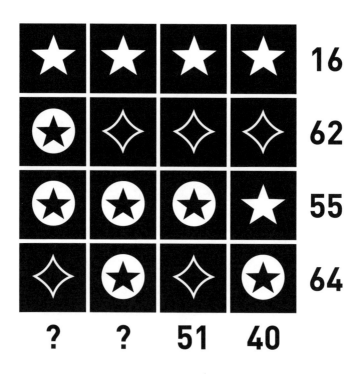

네 모퉁이 중 한 곳에서 출발해야 한다. 선을 따라 네 번 이동해서 지나온 숫자 다섯 개를 더해라. 합계가 37이 되는 경로는 모두 몇 가지일까?

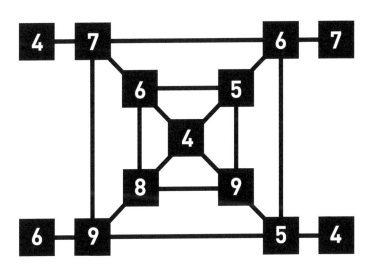

답: 225쪽

★★☆☆

맨 아랫줄 왼쪽 끝에서 출발해서 위쪽, 오른쪽으로만 이동한다. 맨 윗줄 오른쪽 끝에 도착하면 지나온 숫자 아홉 개를 모두 더해라. 합계가 46이 되는 경로는 모두 몇 가지일까?

7	1	7	2	3
9	2	1	7	8
8	8	8	1	8
2	9	3	2	9
3	3	9	3	7

답: 225쪽

아래 표에서 각 세로줄의 숫자는 다른 세로줄의 숫자와 연관되어 있다. 빈칸에 들어갈 숫자는 무엇일까?

A	B	C	D	E
7	5	2	3	7
9	4	5	6	9
8	7	1	2	
8	4	4	5	
5	3	2	3	5

답: 225쪽

562 뒤에 100보다 큰 세 자리 숫자를 붙여 여섯 자리 숫자 여섯 개를 만들어라. 단, 여섯 자리 숫자를 61.5로 나누었을 때 모두 나머지 없이 나누어떨어져야 한다. 이번에는 첫 번째 숫자가 제시되어 있다. 세 자리 숫자는 무엇일까?

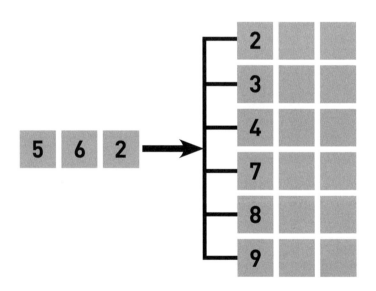

아래 표에서 가로줄, 세로줄, 대각선 줄에 있는 숫자 다섯 개의 합은 각각 20이다. 빈칸을 채워 표를 완성하라. 빈칸에 들어갈 숫자는 세 개뿐이며, 중복해서 쓸 수 있다. 세 개의 숫자는 무엇일까?

5		5		5
	5	5	5	
5	5			
				8
			8	

답: 225쪽

아래 조각들을 알맞게 배열해서 5×5 정사각형을 만들어라. 단, 위에서부터 첫 번째로 나오는 가로줄과 왼쪽에서부터 첫 번째로 나오는 세로줄에 똑같은 다섯 자리 숫자가 나와야 한다. 이 규칙은 첫 번째 가로줄, 세로줄의 숫자부터 다섯 번째 가로줄, 세로줄의 숫자까지 적용된다. 조각을 어떻게 배열해야 할까?

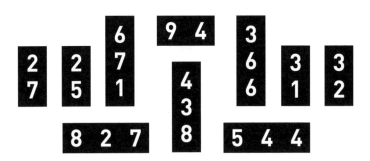

답: 226쪽

아래 격자에서 숫자들은 다른 숫자와 일정한 관계가 있다. 물음표에 들어갈 숫자는 무엇일까?

6	3	2	1	5
6	6	5	7	?
?	4	5	6	2
4	5	2	3	1
2	1	3	4	7

답: 226쪽

네 모퉁이 중 한 곳에서 출발한다. 선을 따라 네 번 이동해서 지나온 숫자 다섯 개를 더해라. 나올 수 있는 가장 작은 숫자는 무엇일까?

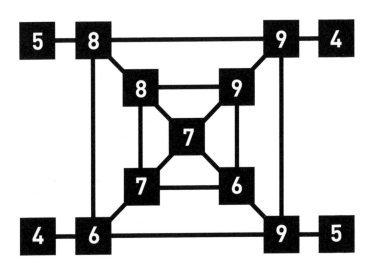

맨 아랫줄 왼쪽 끝에서 출발해서 위쪽, 오른쪽으로만 이동한다. 맨 윗줄 오른쪽 끝에 도착하면 지나온 숫자 아홉 개를 모두 더해라. 합계가 35가 되는 경로는 모두 몇 가지일까?

1	4	2	9	3
2	7	1	8	9
3	8	4	7	8
6	9	5	5	7
5	3	6	6	4

답: 226쪽

★★★☆

맨 아랫줄 왼쪽 끝에서 출발해서 화살표를 따라 이동한다. 맨 윗줄 오른쪽 끝에 도착하면 지나온 숫자 다섯 개를 모두 더해라. 단, 검은 색 원을 지날 때마다 4를 뺀다. 나올 수 있는 가장 작은 숫자는 무엇 일까?

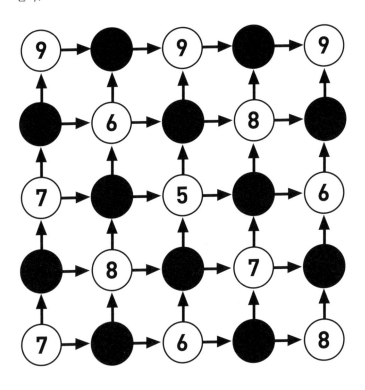

답: 226쪽

아래 표에서 각 세로줄의 숫자는 다른 세로줄의 숫자와 연관되어 있다. 빈칸에 들어갈 숫자는 무엇일까?

A	B	C	D	E
6	1	5	7	
5	1	4	6	
4	2	2	6	4
3	2	1	5	4
4	1	3	5	

답: 226쪽

네 모퉁이 중 한 곳에서 출발해야 한다. 선을 따라 네 번 이동해서
지나온 숫자 다섯 개를 더해라. 합계가 24가 되는 경로는 모두 몇
가지일까?

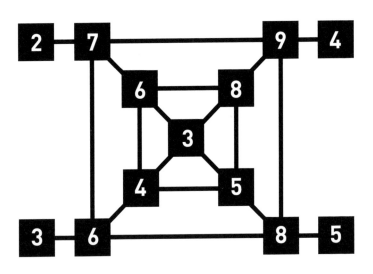

답: 227쪽

맨 아랫줄 왼쪽 끝에서 출발해서 화살표를 따라 이동한다. 맨 윗줄 오른쪽 끝에 도착하면 지나온 숫자 다섯 개를 모두 더해라. 단, 검은색 원을 지날 때마다 3을 뺀다. 합계가 20이 되는 경로는 모두 몇 가지일까?

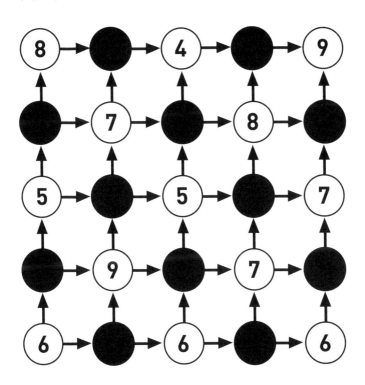

답: 227쪽

아래 수평저울들은 모두 균형을 이루고 있다. 마지막 저울에 들어갈 클로버(♣)는 몇 개일까?

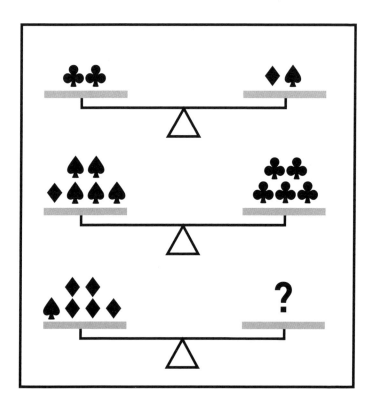

답: 227쪽

아래 숫자들은 특정한 규칙에 따라서 나열되어 있다. 마지막 삼각형에 들어갈 숫자는 무엇일까?

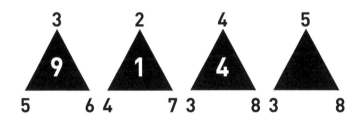

답: 227쪽

975 뒤에 100보다 큰 세 자리 숫자를 붙여 여섯 자리 숫자 여섯 개를 만들어라. 단, 여섯 자리 숫자를 65.5로 나누었을 때 모두 나머지 없이 나누어떨어져야 한다. 세 자리 숫자는 무엇일까?

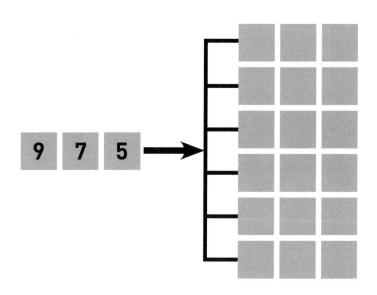

답: 227쪽

★☆☆☆

아래 표에서 가로줄, 세로줄, 대각선 줄에 있는 숫자 다섯 개의 합은 각각 75이다. 빈칸을 채워 표를 완성하라. 빈칸에 들어갈 숫자는 세 개뿐이며, 중복해서 쓸 수 있다. 세 개의 숫자는 무엇일까?

	13	21	3	
4		20		4
20	23	15	7	10
	12	10		31
	8	9	36	

답: 227쪽

★★★☆

아래 그림에서 행성 A와 B는 태양을 중심으로 시계 방향으로 돌고 있다. A 행성의 공전 주기는 2년, B 행성의 공전 주기는 6년이다. 두 행성과 태양이 다시 일직선을 이루는 시기는 몇 년 후일까?

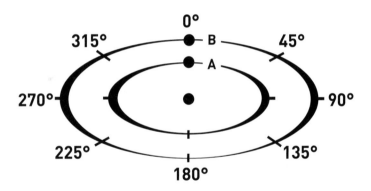

아래 금고는 모든 버튼을 정해진 순서대로 한 번씩만 눌러야 열린다. 단, 마지막으로 누르는 버튼은 반드시 F여야 한다. 버튼에 적힌 숫자와 문자는 이동하는 칸의 수와 방향을 의미한다. 즉, 1U는 위(Up)로 한 칸, 1L은 왼쪽(Left)으로 한 칸 이동하라는 뜻이다. 금고를 열려면 가장 처음에 눌러야 하는 버튼은 어떤 것일까?

4D	3D	4D	2R	3D	5L
2R	3D	5D	1R	1D	5L
3D	1U	3R	1L	3L	1D
2R	1L	3U	3D	1L	F
4R	4R	1D	4U	2D	1D
1R	1D	1R	4U	5U	1L
4U	6U	2L	4U	1R	5U

아래 표에서 각 무늬는 특정한 숫자를 뜻한다. 표의 오른쪽과 아래쪽에 적힌 숫자들은 각 가로줄, 세로줄의 숫자들을 더한 값이다. 물음표에 들어갈 숫자는 무엇일까?

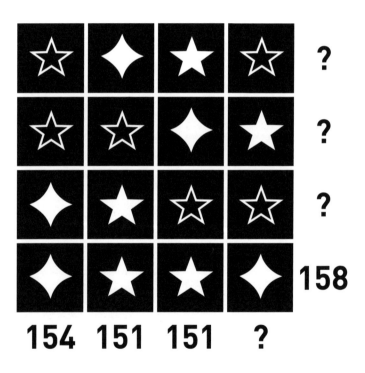

아래 조각들을 알맞게 배열해서 5×5 정사각형을 만들어라. 단, 위에서부터 첫 번째로 나오는 가로줄과 왼쪽에서부터 첫 번째로 나오는 세로줄에 똑같은 다섯 자리 숫자가 나와야 한다. 이 규칙은 첫 번째 가로줄, 세로줄의 숫자부터 다섯 번째 가로줄, 세로줄의 숫자까지 적용된다. 조각을 어떻게 배열해야 할까?

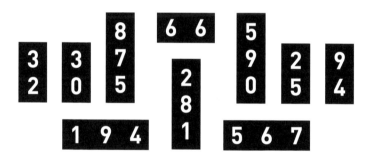

답: 228쪽

★★★☆

한가운데 원에서 출발해 맞닿아 있는 원으로 이동한다. 이때 세 번 이동해서 지나온 숫자 네 개를 더해서 42가 나와야 한다. 단, 숫자 조합이 같더라도 방향이 다르면 다른 경로로 인정한다. 가능한 경로는 모두 몇 가지일까?

답: 228쪽

맨 아랫줄 왼쪽 끝에서 출발해서 위쪽, 오른쪽으로만 이동한다. 맨 윗줄 오른쪽 끝에 도착하면 지나온 숫자 아홉 개를 모두 더해라. 합계가 39가 되는 경로는 모두 몇 가지일까?

5	3	5	7	5
7	5	3	7	7
3	5	3	5	3
5	7	5	3	5
3	7	7	5	7

답: 228쪽

아래 표에서 각 세로줄의 숫자는 다른 세로줄의 숫자와 연관되어 있다. 빈칸에 들어갈 숫자는 무엇일까?

A	B	C	D	E
9	0	6	9	
8	1	6	9	7
7	2	6	9	8
7	1	5	8	
3	1	1	4	2

답: 229쪽

아래 격자에서 숫자들은 다른 숫자와 일정한 관계가 있다. 물음표에 들어갈 숫자는 무엇일까?

6	7	4	5	3
5	4	2	5	3
2	5	?	4	2
7	9	3	9	5
4	2	3	?	?

답: 229쪽

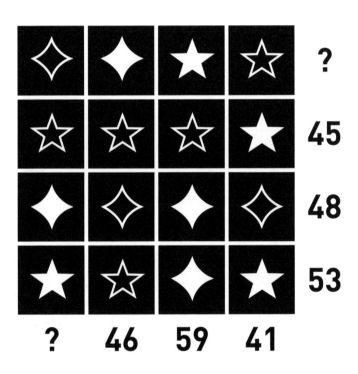

아래 표에서 각 무늬는 특정한 숫자를 뜻한다. 표의 오른쪽과 아래쪽에 적힌 숫자들은 각 가로줄, 세로줄의 숫자들을 더한 값이다. 물음표에 들어갈 숫자는 무엇일까?

답: 229쪽

네 모퉁이 중 한 곳에서 출발해야 한다. 선을 따라 네 번 이동해서 지나온 숫자 다섯 개를 더해라. 합계가 38이 되는 경로는 모두 몇 가지일까?

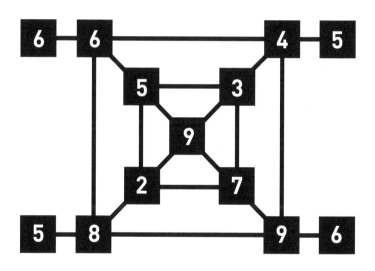

맨 아랫줄 왼쪽 끝에서 출발해서 위쪽, 오른쪽으로만 이동한다. 맨 윗줄 오른쪽 끝에 도착하면 지나온 숫자 아홉 개를 모두 더해라. 합계가 48이 되는 경로는 모두 몇 가지일까?

5	5	5	5	6
6	6	3	6	4
5	6	2	0	6
6	5	5	6	5
4	6	4	5	3

답: 229쪽

아래 표에서 각 세로줄의 숫자는 다른 세로줄의 숫자와 연관되어 있다. 빈칸에 들어갈 숫자는 무엇일까?

A	B	C	D	E
6	2	6	4	
4	1	5	3	
6	1	7	5	4
3	1	4	2	1
8	4	6	4	0

답: 229쪽

아래 그림에서 행성 A와 B는 태양을 중심으로 시계 방향으로 돌고 있다. A 행성의 공전 주기는 4년, B 행성의 공전 주기는 36년이다. 두 행성과 태양이 다시 일직선을 이루는 시기는 몇 년 후일까?

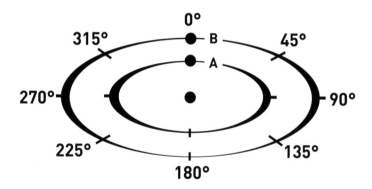

답: 229쪽

아래 금고는 모든 버튼을 정해진 순서대로 한 번씩만 눌러야 열린다. 단, 마지막으로 누르는 버튼은 반드시 F여야 한다. 버튼에 적힌 숫자와 문자는 이동하는 칸의 수와 방향을 의미한다. 즉, 1U는 위(Up)로 한 칸, 1L은 왼쪽(Left)으로 한 칸 이동하라는 뜻이다. 금고를 열려면 가장 처음에 눌러야 하는 버튼은 어떤 것일까?

1D	4R	1R	6D	4L	6D
5R	3R	1R	4D	2L	4D
4R	1U	1L	F	4D	5L
4R	3D	1U	1L	3U	4L
5R	1L	4U	1U	1L	3L
4R	5U	2L	3U	1U	2U
3U	2U	1U	1L	4L	4U

답: 230쪽

아래 수평저울들은 모두 균형을 이루고 있다. 마지막 저울에 들어갈 스페이드(♠)는 몇 개일까?

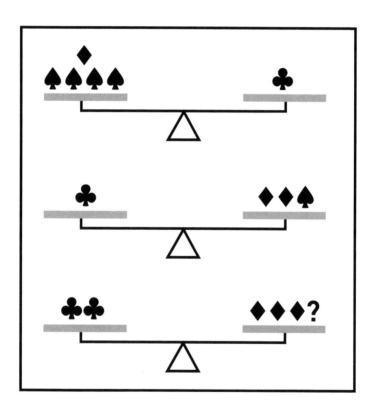

아래 숫자들은 특정한 규칙에 따라서 나열되어 있다. 마지막 삼각형에 들어갈 숫자는 무엇일까?

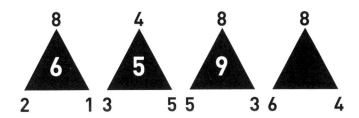

답: 230쪽

아래 표에서 각 무늬는 특정한 숫자를 뜻한다. 표의 오른쪽과 아래쪽에 적힌 숫자들은 각 가로줄, 세로줄의 숫자들을 더한 값이다. 물음표에 들어갈 숫자는 무엇일까?

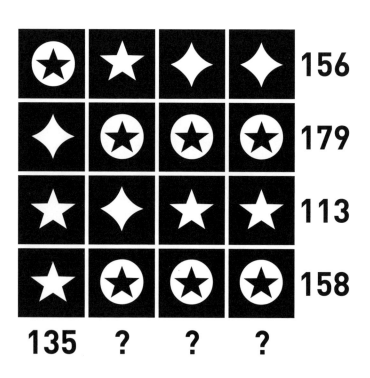

아래 숫자들은 특정한 규칙에 따라서 나열되어 있다. 마지막 삼각형에 들어갈 숫자는 무엇일까?

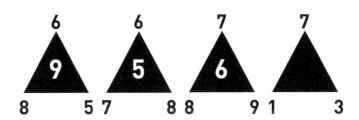

답: 230쪽

731 뒤에 100보다 큰 세 자리 숫자를 붙여 여섯 자리 숫자 여섯 개를 만들어라. 단, 여섯 자리 숫자를 39.5로 나누었을 때 모두 나머지 없이 나누어떨어져야 한다. 이번에는 첫 번째 숫자가 제시되어 있다. 세 자리 숫자는 무엇일까?

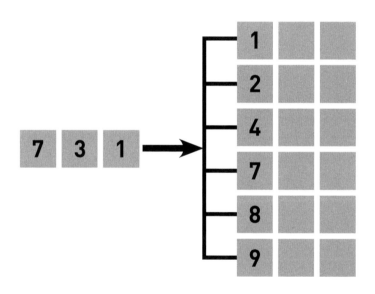

답: 230쪽

아래 표에서 가로줄, 세로줄, 대각선 줄에 있는 숫자 다섯 개의 합은 각각 50이다. 빈칸을 채워 표를 완성하라. 빈칸에 들어갈 숫자는 네 개뿐이며, 중복해서 쓸 수 있다. 네 개의 숫자는 무엇일까?

	9		2	
5	15			3
	18	10	2	
11	7	6	5	21
	1	7	28	6

답: 231쪽

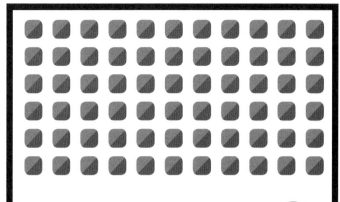

MATH C

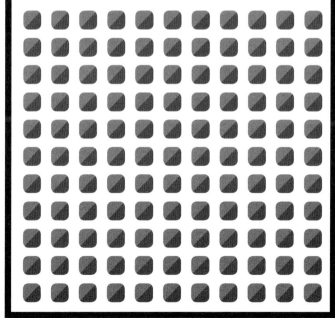

아래 금고는 모든 버튼을 정해진 순서대로 한 번씩만 눌러야 열린다. 단, 마지막으로 누르는 버튼은 반드시 F여야 한다. 버튼에 적힌 숫자와 문자는 이동하는 칸의 수와 방향을 의미한다. 즉, 1U는 위(Up)로 한 칸, 1L은 왼쪽(Left)으로 한 칸 이동하라는 뜻이다. 금고를 열려면 가장 처음에 눌러야 하는 버튼은 어떤 것일까?

5D	6D	1L	1D	4L	2L
3D	1L	1U	2R	2L	5D
2R	3D	4D	2R	4L	2U
1R	1U	F	3L	2U	1L
5R	1R	1D	2L	2U	1L
5R	3R	2U	1U	1L	2U
4R	5U	1R	3U	6U	5L

답: 231쪽

아래 원에 8개의 부채꼴과 3개의 동심원이 있다. 각 부채꼴에 적힌 숫자 세 개를 더한 값이 같아야 한다. 또, 각 동심원에 적힌 숫자 여덟 개를 더한 값도 같아야 한다. 빈칸에 들어갈 숫자는 무엇일까?

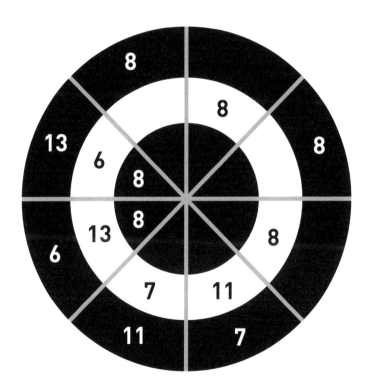

답: 231쪽

아래 그림에서 행성 A와 B는 태양을 중심으로 시계 방향으로 돌고 있다. A 행성의 공전 주기는 3년, B 행성의 공전 주기는 12년이다. 두 행성과 태양이 다시 일직선을 이루는 시기는 몇 년 후일까?

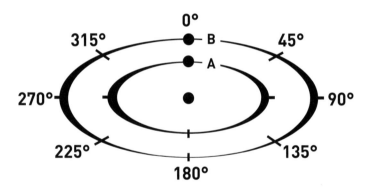

답: 231쪽

아래 원에 8개의 부채꼴과 3개의 동심원이 있다. 각 부채꼴에 적힌 숫자 세 개를 더한 값이 같아야 한다. 또, 각 동심원에 적힌 숫자 여덟 개를 더한 값도 같아야 한다. 빈칸에 들어갈 숫자는 무엇일까?

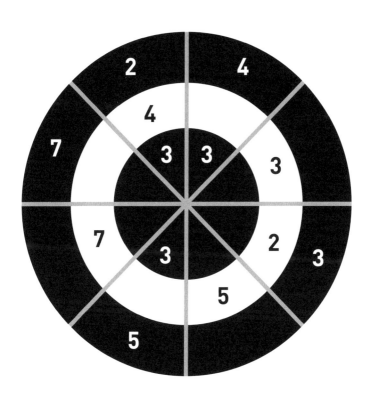

답: 232쪽

★★☆☆

맨 아랫줄 왼쪽 끝에서 출발해서 화살표를 따라 이동한다. 맨 윗줄 오른쪽 끝에 도착하면 지나온 숫자 다섯 개를 모두 더해라. 단, 검은색 원을 지날 때마다 7을 뺀다. 합계가 22가 되는 경로는 모두 몇 가지일까?

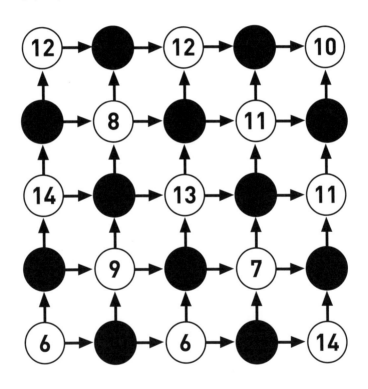

답: 232쪽

★★☆☆

문제
126

아래 수평저울들은 모두 균형을 이루고 있다. 마지막 저울에 들어 갈 다이아몬드(◆)는 몇 개일까?

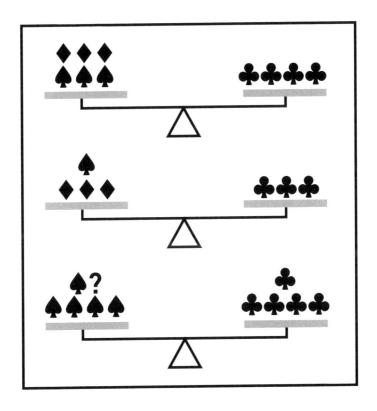

답: 232쪽

★★★★

아래 조각들을 알맞게 배열해서 5×5 정사각형을 만들어라. 단, 위에서부터 첫 번째로 나오는 가로줄과 왼쪽에서부터 첫 번째로 나오는 세로줄에 똑같은 다섯 자리 숫자가 나와야 한다. 이 규칙은 첫 번째 가로줄, 세로줄의 숫자부터 다섯 번째 가로줄, 세로줄의 숫자까지 적용된다. 조각을 어떻게 배열해야 할까?

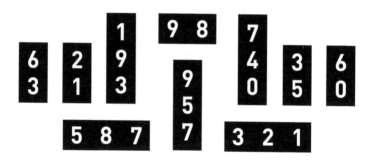

답: 232쪽

한가운데 원에서 출발해 맞닿아 있는 원으로 이동한다. 이때 세 번 이동해서 지나온 숫자 네 개를 더해서 45가 나와야 한다. 단, 숫자 조합이 같더라도 방향이 다르면 다른 경로로 인정한다. 가능한 경로는 모두 몇 가지일까?

답: 232쪽

★★★☆

아래 격자에서 숫자들은 다른 숫자와 일정한 관계가 있다. 물음표에 들어갈 숫자는 무엇일까?

1	0	3	2	2
?	2	9	2	9
6	3	2	?	1
4	?	3	2	6
9	8	2	?	?

답: 233쪽

아래 숫자판에 다트 세 개를 던져서 총점 18점을 만들어라. 한 숫자를 여러 번 맞힐 수 있다. 단, 던진 순서만 다른 숫자 조합은 점수로 인정하지 않는다. 가능한 숫자 조합은 모두 몇 가지일까?

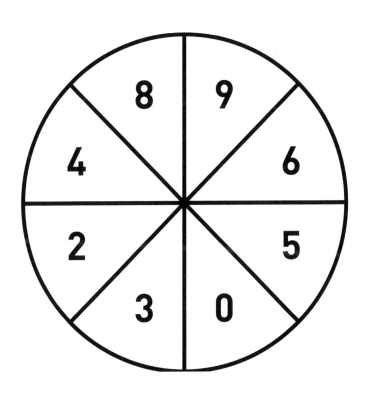

답: 233쪽

아래 표에서 각 무늬는 특정한 숫자를 뜻한다. 표의 오른쪽과 아래쪽에 적힌 숫자들은 각 가로줄, 세로줄의 숫자들을 더한 값이다. 물음표에 들어갈 숫자는 무엇일까?

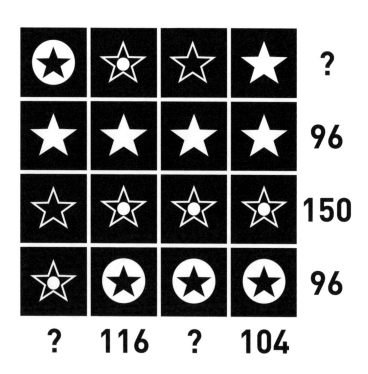

★★★☆

문제 132

네 모퉁이 중 한 곳에서 출발한다. 선을 따라 네 번 이동해서 지나온 숫자 다섯 개를 더해라. 나올 수 있는 가장 큰 숫자는 무엇일까?

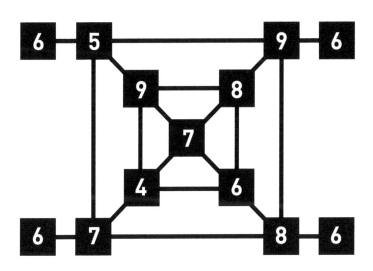

답: 233쪽

맨 아랫줄 왼쪽 끝에서 출발해서 위쪽, 오른쪽으로만 이동한다. 맨 윗줄 오른쪽 끝에 도착하면 지나온 숫자 아홉 개를 모두 더해라. 나올 수 있는 가장 작은 숫자는 무엇일까?

8	3	2	7	1
5	7	3	8	7
2	4	4	9	5
9	1	5	9	3
6	1	6	5	4

답: 233쪽

네 모퉁이 중 한 곳에서 출발해야 한다. 선을 따라 네 번 이동해서 지나온 숫자 다섯 개를 더해라. 합계가 36이 되는 경로는 모두 몇 가지일까?

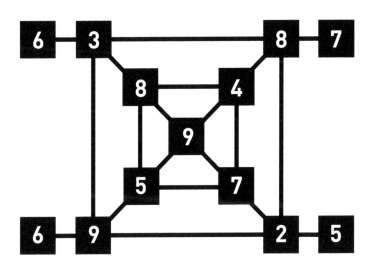

맨 아랫줄 왼쪽 끝에서 출발해서 위쪽, 오른쪽으로만 이동한다. 맨 윗줄 오른쪽 끝에 도착하면 지나온 숫자 아홉 개를 모두 더해라. 나올 수 있는 가장 큰 숫자는 무엇일까?

5	6	7	5	6
5	6	7	8	7
5	6	5	2	3
5	7	4	5	5
6	7	6	4	4

답: 233쪽

아래 표에서 각 세로줄의 숫자는 다른 세로줄의 숫자와 연관되어 있다. 빈칸에 들어갈 숫자는 무엇일까?

A	B	C	D	E
5	3	5	8	8
6	3	6	9	
6	1	4	7	5
5	1	3	6	4
5	2	4	7	6

답: 233쪽

327 뒤에 100보다 큰 세 자리 숫자를 붙여 여섯 자리 숫자 여섯 개를 만들어라. 단, 여섯 자리 숫자를 27.5로 나누었을 때 모두 나머지 없이 나누어떨어져야 한다. 이번에는 첫 번째 숫자가 제시되어 있다. 세 자리 숫자는 무엇일까?

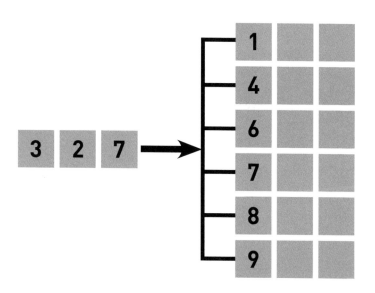

답: 234쪽

아래 표에서 가로줄, 세로줄, 대각선 줄에 있는 숫자 다섯 개의 합은 각각 60이다. 빈칸을 채워 표를 완성하라. 빈칸에 들어갈 숫자는 세 개뿐이며, 중복해서 쓸 수 있다. 세 개의 숫자는 무엇일까?

	4		5	
4				5
		12	7	7
	7	7	7	
7		7		7

답: 234쪽

맨 아랫줄 왼쪽 끝에서 출발해서 화살표를 따라 이동한다. 맨 윗줄 오른쪽 끝에 도착하면 지나온 숫자 다섯 개를 모두 더해라. 단, 검은색 원을 지날 때마다 13을 더한다. 하나의 경로로만 만들 수 있는 숫자가 두 개 있다. 두 개의 숫자는 무엇일까?

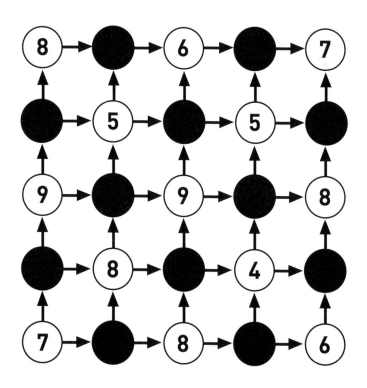

답: 234쪽

★★☆☆ ━━━━━━━━ **문제 140** ━━━━━━━━

한가운데 원에서 출발해 맞닿아 있는 원으로 이동한다. 이때 세 번 이동해서 지나온 숫자 네 개를 더해서 70이 나와야 한다. 단, 숫자 조합이 같더라도 방향이 다르면 다른 경로로 인정한다. 가능한 경로는 모두 몇 가지일까?

답: 234쪽

아래 조각들을 알맞게 배열해서 5×5 정사각형을 만들어라. 단, 위에서부터 첫 번째로 나오는 가로줄과 왼쪽에서부터 첫 번째로 나오는 세로줄에 똑같은 다섯 자리 숫자가 나와야 한다. 이 규칙은 첫 번째 가로줄, 세로줄의 숫자부터 다섯 번째 가로줄, 세로줄의 숫자까지 적용된다. 조각을 어떻게 배열해야 할까?

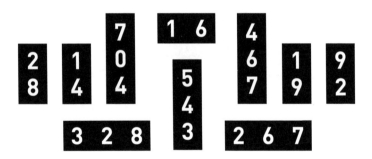

★★☆☆

문제
142

아래 숫자들은 특정한 규칙에 따라서 나열되어 있다. 마지막 삼각형에 들어갈 숫자는 무엇일까?

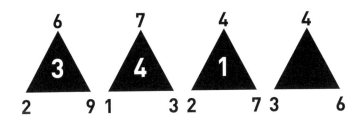

답: 235쪽

맨 아랫줄 왼쪽 끝에서 출발해서 화살표를 따라 이동한다. 맨 윗줄 오른쪽 끝에 도착하면 지나온 숫자 다섯 개를 모두 더해라. 단, 검은색 원을 지날 때마다 23을 뺀다. 합계가 188이 되는 경로는 모두 몇 가지일까?

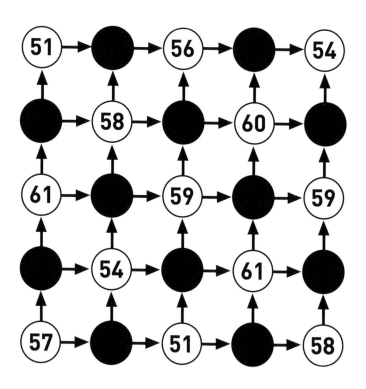

아래 숫자판에 다트 네 개를 던져서 총점 75점을 만들어라. 한 숫자를 여러 번 맞힐 수 있다. 단, 던진 순서만 다른 숫자 조합은 점수로 인정하지 않는다. 가능한 숫자 조합은 모두 몇 가지일까?

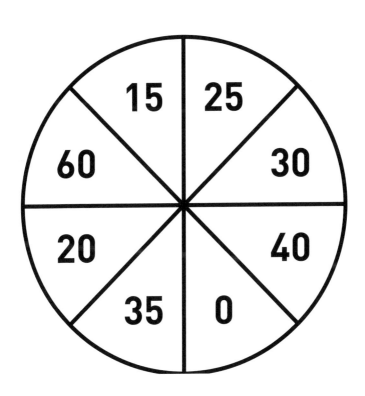

답: 235쪽

아래 표에서 각 무늬는 특정한 숫자를 뜻한다. 표의 오른쪽과 아래쪽에 적힌 숫자들은 각 가로줄, 세로줄의 숫자들을 더한 값이다. 물음표에 들어갈 숫자는 무엇일까?

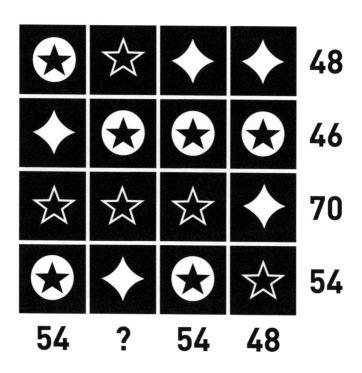

★★☆☆

네 모퉁이 중 한 곳에서 출발한다. 선을 따라 네 번 이동해서 지나온 숫자 다섯 개를 더해라. 나올 수 있는 가장 큰 숫자는 무엇일까?

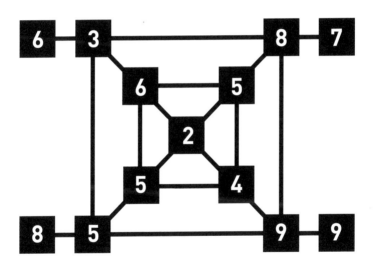

답: 235쪽

아래 조각들을 알맞게 배열해서 5×5 정사각형을 만들어라. 단, 위에서부터 첫 번째로 나오는 가로줄과 왼쪽에서부터 첫 번째로 나오는 세로줄에 똑같은 다섯 자리 숫자가 나와야 한다. 이 규칙은 첫 번째 가로줄, 세로줄의 숫자부터 다섯 번째 가로줄, 세로줄의 숫자까지 적용된다. 조각을 어떻게 배열해야 할까?

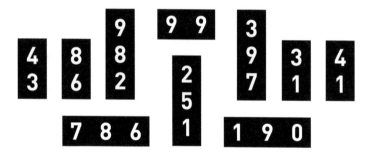

답: 235쪽

맨 아랫줄 왼쪽 끝에서 출발해서 위쪽, 오른쪽으로만 이동한다. 맨 윗줄 오른쪽 끝에 도착하면 지나온 숫자 아홉 개를 모두 더해라. 합계가 38이 되는 경로는 모두 몇 가지일까?

5	4	6	3	8
6	2	7	4	4
4	3	6	5	3
5	4	5	6	4
3	5	4	7	5

답: 235쪽

아래 표에서 각 세로줄의 숫자는 다른 세로줄의 숫자와 연관되어 있다. 빈칸에 들어갈 숫자는 무엇일까?

A	B	C	D	E
6	3	3	9	6
5	4	1	9	8
7	1	6	8	
8	1	7	9	
4	3	1	7	6

답: 236쪽

432 뒤에 100보다 큰 세 자리 숫자를 붙여 여섯 자리 숫자 여섯 개를 만들어라. 단, 여섯 자리 숫자를 151로 나누었을 때 모두 나머지 없이 나누어떨어져야 한다. 세 자리 숫자는 무엇일까?

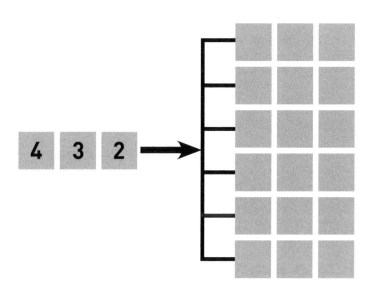

답: 236쪽

아래 수평저울들은 모두 균형을 이루고 있다. 마지막 저울에 들어갈 클로버(♣)는 몇 개일까?

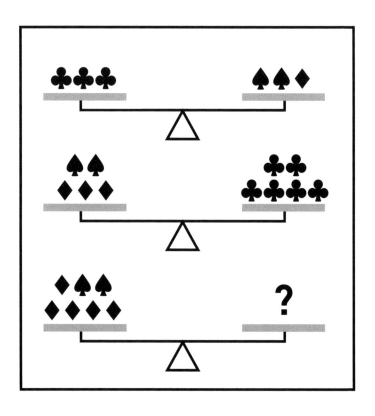

답: 236쪽

아래 금고는 모든 버튼을 정해진 순서대로 한 번씩만 눌러야 열린다. 단, 마지막으로 누르는 버튼은 반드시 F여야 한다. 버튼에 적힌 숫자와 문자는 이동하는 칸의 수와 방향을 의미한다. 즉, 1U는 위(Up)로 한 칸, 1L은 왼쪽(Left)으로 한 칸 이동하라는 뜻이다. 금고를 열려면 가장 처음에 눌러야 하는 버튼은 어떤 것일까?

2D	2D	2L	2R	1D	1D
1R	1U	1U	1D	1L	3L
1U	3R	3R	4D	2U	4D
3D	3D	2L	3U	3L	2L
5R	2R	F	1D	3L	1U
4R	4R	1U	1L	1U	5L
2U	1U	3U	1R	3U	3L

답: 236쪽

맨 아랫줄 왼쪽 끝에서 출발해서 화살표를 따라 이동한다. 맨 윗줄 오른쪽 끝에 도착하면 지나온 숫자 다섯 개를 모두 더해라. 단, 검은색 원을 지날 때마다 17을 뺀다. 합계가 2가 되는 경로는 모두 몇 가지일까?

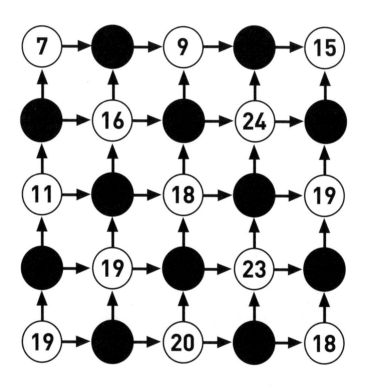

답: 236쪽

아래 원에 8개의 부채꼴과 3개의 동심원이 있다. 각 부채꼴에 적힌 숫자 세 개를 더한 값이 같아야 한다. 또, 각 동심원에 적힌 숫자 여덟 개를 더한 값도 같아야 한다. 빈칸에 들어갈 숫자는 무엇일까?

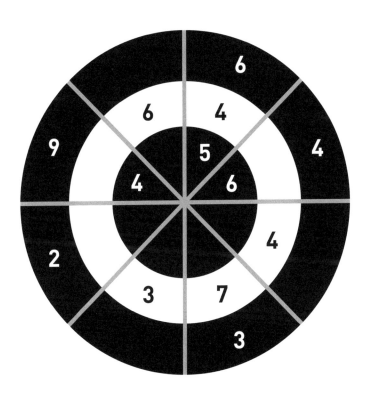

답: 236쪽

맨 아랫줄 왼쪽 끝에서 출발해서 화살표를 따라 이동한다. 맨 윗줄 오른쪽 끝에 도착하면 지나온 숫자 다섯 개를 모두 더해라. 단, 검은색 원을 지날 때마다 9를 뺀다. 합계가 41이 되는 경로는 모두 몇 가지일까?

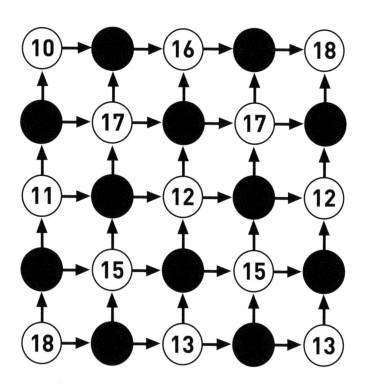

아래 조각들을 알맞게 배열해서 5×5 정사각형을 만들어라. 단, 위에서부터 첫 번째로 나오는 가로줄과 왼쪽에서부터 첫 번째로 나오는 세로줄에 똑같은 다섯 자리 숫자가 나와야 한다. 이 규칙은 첫 번째 가로줄, 세로줄의 숫자부터 다섯 번째 가로줄, 세로줄의 숫자까지 적용된다. 조각을 어떻게 배열해야 할까?

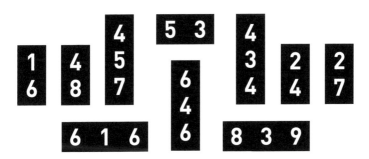

답: 237쪽

한가운데 원에서 출발해 맞닿아 있는 원으로 이동한다. 이때 세 번 이동해서 지나온 숫자 네 개를 더해서 75가 나와야 한다. 단, 숫자 조합이 같더라도 방향이 다르면 다른 경로로 인정한다. 가능한 경로는 모두 몇 가지일까?

아래 수평저울들은 모두 균형을 이루고 있다. 마지막 저울에 들어갈 다이아몬드(◆)는 몇 개일까?

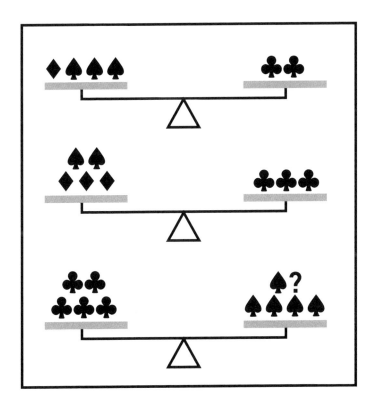

답: 237쪽

문제 159

★★☆☆

아래 숫자들은 특정한 규칙에 따라서 나열되어 있다. 마지막 삼각형에 들어갈 숫자는 무엇일까?

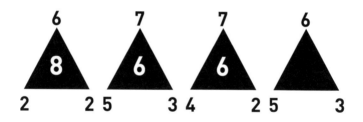

답: 237쪽

아래 금고는 모든 버튼을 정해진 순서대로 한 번씩만 눌러야 열린
다. 단, 마지막으로 누르는 버튼은 반드시 F여야 한다. 버튼에 적힌
숫자와 문자는 이동하는 칸의 수와 방향을 의미한다. 즉, 1U는 위
(Up)로 한 칸, 1L은 왼쪽(Left)으로 한 칸 이동하라는 뜻이다. 금고
를 열려면 가장 처음에 눌러야 하는 버튼은 어떤 것일까?

F	4R	2R	1D	4D	6D
1U	4R	1D	1L	5D	1D
3R	3R	1L	2D	1D	5L
3D	2U	1R	3D	3L	5L
2R	4U	1D	2R	3U	5L
1R	1D	1D	5U	4L	2U
5U	2U	6U	1U	1U	1U

답: 237쪽

★☆☆☆

아래 표에서 가로줄, 세로줄, 대각선 줄에 있는 숫자 다섯 개의 합은 각각 55이다. 빈칸을 채워 표를 완성하라. 빈칸에 들어갈 숫자는 세 개뿐이며, 중복해서 쓸 수 있다. 세 개의 숫자는 무엇일까?

	10	16	1	13
9		14		2
14		11		
				25
9	8	6	25	

답: 238쪽

네 모퉁이 중 한 곳에서 출발해야 한다. 선을 따라 네 번 이동해서
지나온 숫자 다섯 개를 더해라. 합계가 40이 되는 경로는 모두 몇
가지일까?

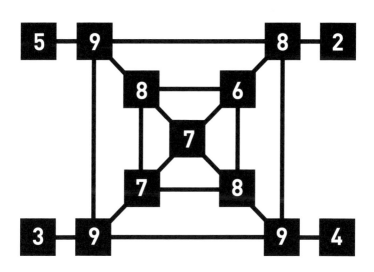

답: 238쪽

맨 아랫줄 왼쪽 끝에서 출발해서 화살표를 따라 이동한다. 맨 윗줄 오른쪽 끝에 도착하면 지나온 숫자 다섯 개를 모두 더해라. 단, 검은색 원을 지날 때마다 19를 뺀다. 합계가 24가 되는 경로는 모두 몇 가지일까?

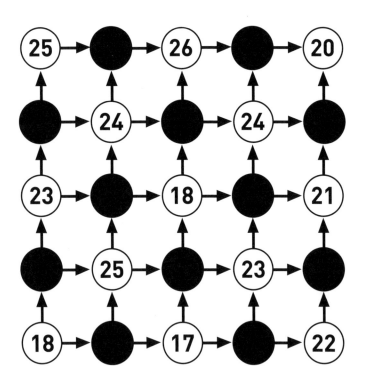

답: 238쪽

아래 표에서 각 무늬는 특정한 숫자를 뜻한다. 표의 오른쪽과 아래쪽에 적힌 숫자들은 각 가로줄, 세로줄의 숫자들을 더한 값이다. 물음표에 들어갈 숫자는 무엇일까?

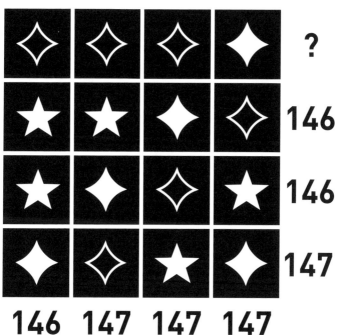

답: 238쪽

네 모퉁이 중 한 곳에서 출발해야 한다. 선을 따라 네 번 이동해서 지나온 숫자 다섯 개를 더해라. 합계가 30보다 작은 경로는 모두 몇 가지일까?

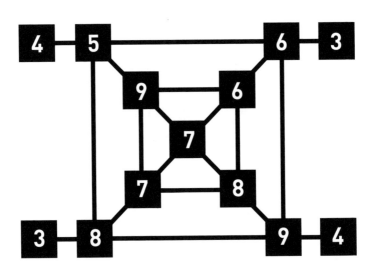

답: 238쪽

★★☆☆

한가운데 원에서 출발해 맞닿아 있는 원으로 이동한다. 이때 세 번 이동해서 지나온 숫자 네 개를 더해서 49가 나와야 한다. 단, 숫자 조합이 같더라도 방향이 다르면 다른 경로로 인정한다. 가능한 경로는 모두 몇 가지일까?

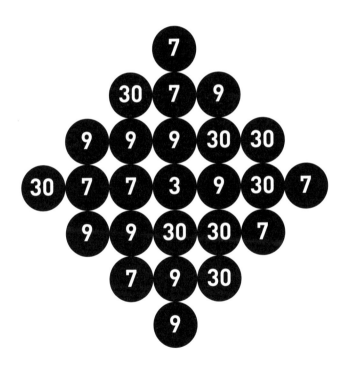

답: 238쪽

맨 아랫줄 왼쪽 끝에서 출발해서 위쪽, 오른쪽으로만 이동한다. 맨 윗줄 오른쪽 끝에 도착하면 지나온 숫자 아홉 개를 모두 더해라. 나올 수 있는 가장 큰 숫자와 가장 작은 숫자는 무엇일까?

5	8	8	8	8
8	6	6	6	5
6	5	5	5	6
2	2	2	4	4
4	4	4	2	2

답: 239쪽

아래 원에 8개의 부채꼴과 3개의 동심원이 있다. 각 부채꼴에 적힌 숫자 세 개를 더한 값이 같아야 한다. 또, 각 동심원에 적힌 숫자 여 덟 개를 더한 값도 같아야 한다. 빈칸에 들어갈 숫자는 무엇일까?

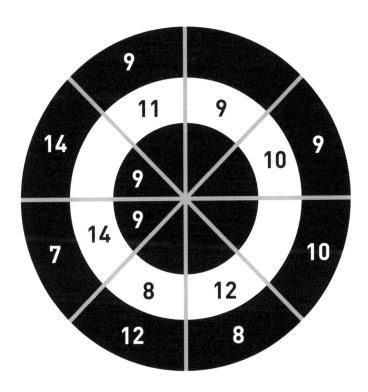

답: 239쪽

★★☆☆

아래 수평저울들은 모두 균형을 이루고 있다. 마지막 저울에 들어 갈 스페이드(♠)는 몇 개일까?

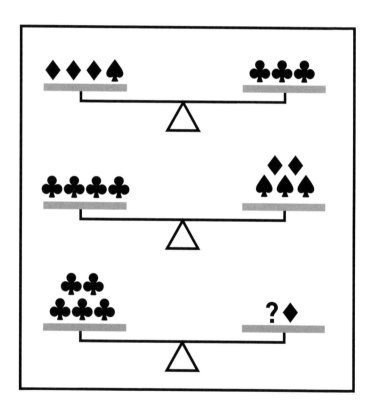

답: 239쪽

아래 숫자들은 특정한 규칙에 따라서 나열되어 있다. 마지막 삼각형에 들어갈 숫자는 무엇일까?

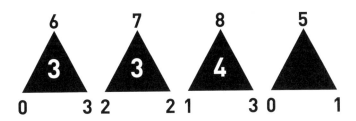

답: 239쪽

아래 원에 8개의 부채꼴과 3개의 동심원이 있다. 각 부채꼴에 적힌 숫자 세 개를 더한 값이 같아야 한다. 또, 각 동심원에 적힌 숫자 여덟 개를 더한 값도 같아야 한다. 빈칸에 들어갈 숫자는 무엇일까?

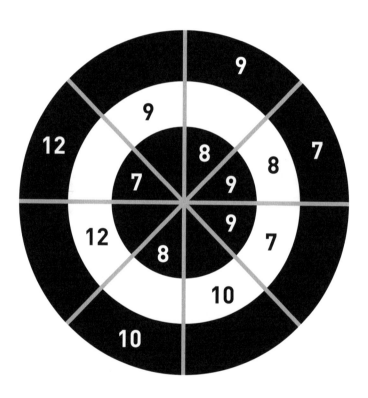

답: 239쪽

아래 조각들을 알맞게 배열해서 5×5 정사각형을 만들어라. 단, 위에서부터 첫 번째로 나오는 가로줄과 왼쪽에서부터 첫 번째로 나오는 세로줄에 똑같은 다섯 자리 숫자가 나와야 한다. 이 규칙은 첫 번째 가로줄, 세로줄의 숫자부터 다섯 번째 가로줄, 세로줄의 숫자까지 적용된다. 조각을 어떻게 배열해야 할까?

답: 240쪽

아래 원에 8개의 부채꼴과 3개의 동심원이 있다. 각 부채꼴에 적힌 숫자 세 개를 더한 값이 같아야 한다. 또, 각 동심원에 적힌 숫자 여덟 개를 더한 값도 같아야 한다. 빈칸에 들어갈 숫자는 무엇일까?

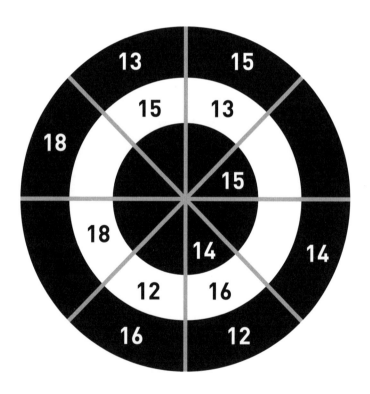

답: 240쪽

★☆☆☆

문제 174

아래 수평저울들은 모두 균형을 이루고 있다. 마지막 저울에 들어 갈 클로버(♣)는 몇 개일까?

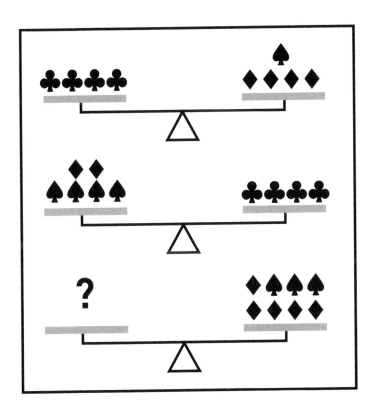

답: 240쪽

189

아래 숫자들은 특정한 규칙에 따라서 나열되어 있다. 마지막 삼각형에 들어갈 숫자는 무엇일까?

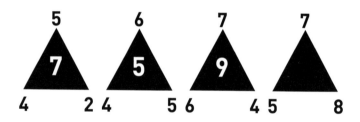

한가운데 원에서 출발해 맞닿아 있는 원으로 이동한다. 이때 세 번 이동해서 지나온 숫자 네 개를 더해서 90이 나와야 한다. 단, 숫자 조합이 같더라도 방향이 다르면 다른 경로로 인정한다. 가능한 경로는 모두 몇 가지일까?

답: 240쪽

아래 격자에서 숫자들은 다른 숫자와 일정한 관계가 있다. 물음표에 들어갈 숫자는 무엇일까?

8	9	?	0	8
1	8	?	4	3
7	0	9	?	5
1	5	4	?	7
8	?	4	3	2

답: 241쪽

아래 숫자판에 다트 세 개를 던져서 총점 36점을 만들어라. 한 숫자를 여러 번 맞힐 수 있다. 단, 던진 순서만 다른 숫자 조합은 점수로 인정하지 않는다. 가능한 숫자 조합은 모두 몇 가지일까?

아래 격자에서 숫자들은 다른 숫자와 일정한 관계가 있다. 물음표에 들어갈 숫자는 무엇일까?

3	2	2	2	1
8	0	9	9	1
6	4	?	?	?
4	8	6	?	7
3	2	3	3	4

답: 241쪽

아래 숫자판에 다트 네 개를 던져서 총점 51점을 만들어라. 한 숫자를 여러 번 맞힐 수 있다. 단, 던진 순서만 다른 숫자 조합은 점수로 인정하지 않는다. 가능한 숫자 조합은 모두 몇 가지일까?

답: 241쪽

★★★☆

아래 표에서 각 무늬는 특정한 숫자를 뜻한다. 표의 오른쪽과 아래쪽에 적힌 숫자들은 각 가로줄, 세로줄의 숫자들을 더한 값이다. 물음표에 들어갈 숫자는 무엇일까?

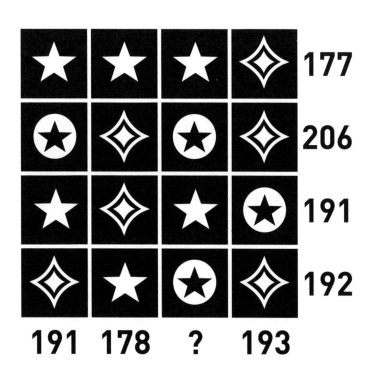

한가운데 원에서 출발해 맞닿아 있는 원으로 이동한다. 이때 세 번 이동해서 지나온 숫자 네 개를 더해서 90이 나와야 한다. 단, 숫자 조합이 같더라도 방향이 다르면 다른 경로로 인정한다. 가능한 경로는 모두 몇 가지일까?

아래 격자에서 숫자들은 다른 숫자와 일정한 관계가 있다. 물음표에 들어갈 숫자는 무엇일까?

4	2	7	?	8
2	3	5	3	7
?	9	?	8	?
6	5	3	4	2
8	4	5	2	3

답: 242쪽

★★☆☆

네 모퉁이 중 한 곳에서 출발해야 한다. 선을 따라 네 번 이동해서 지나온 숫자 다섯 개를 더해라. 합계가 27이 되는 경로는 모두 몇 가지일까?

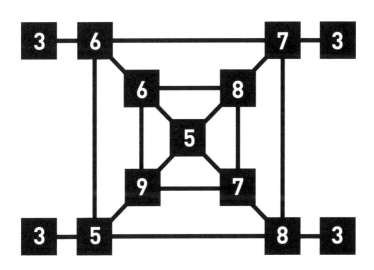

답: 242쪽

★★★☆

아래 표에서 각 무늬는 특정한 숫자를 뜻한다. 표의 오른쪽과 아래쪽에 적힌 숫자들은 각 가로줄, 세로줄의 숫자들을 더한 값이다. 물음표에 들어갈 숫자는 무엇일까?

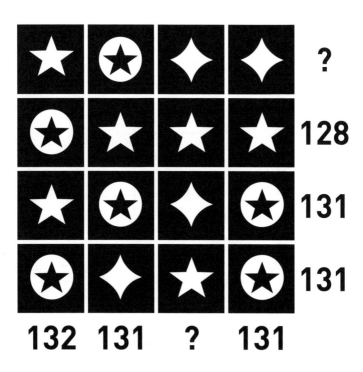

★★★★ ── 문제 **186** ──

451 뒤에 100보다 큰 세 자리 숫자를 붙여 여섯 자리 숫자 여섯 개를 만들어라. 단, 여섯 자리 숫자를 61로 나누었을 때 모두 나머지 없이 나누어떨어져야 한다. 이번에는 첫 번째 숫자가 제시되어 있다. 세 자리 숫자는 무엇일까?

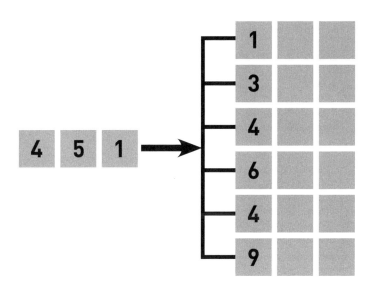

답: 242쪽

아래 표에서 가로줄, 세로줄, 대각선 줄에 있는 숫자 다섯 개의 합은 각각 40이다. 빈칸을 채워 표를 완성하라. 빈칸에 들어갈 숫자는 세 개뿐이며, 중복해서 쓸 수 있다. 세 개의 숫자는 무엇일까?

12	3	12	3	10
6	10			2
	14		2	
			6	19
6		4	18	4

답: 242쪽

한가운데 원에서 출발해 맞닿아 있는 원으로 이동한다. 이때 세 번 이동해서 지나온 숫자 네 개를 더해서 62가 나와야 한다. 단, 숫자 조합이 같더라도 방향이 다르면 다른 경로로 인정한다. 가능한 경로는 모두 몇 가지일까?

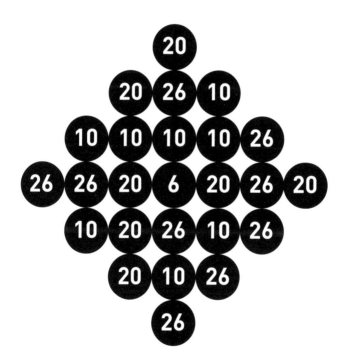

답: 243쪽

아래 조각들을 알맞게 배열해서 5×5 정사각형을 만들어라. 단, 위에서부터 첫 번째로 나오는 가로줄과 왼쪽에서부터 첫 번째로 나오는 세로줄에 똑같은 다섯 자리 숫자가 나와야 한다. 이 규칙은 첫 번째 가로줄, 세로줄의 숫자부터 다섯 번째 가로줄, 세로줄의 숫자까지 적용된다. 조각을 어떻게 배열해야 할까?

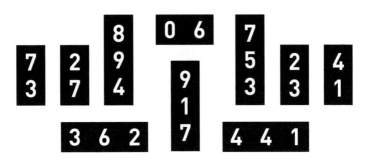

답: 243쪽

아래 숫자들은 특정한 규칙에 따라서 나열되어 있다. 마지막 삼각형에 들어갈 숫자는 무엇일까?

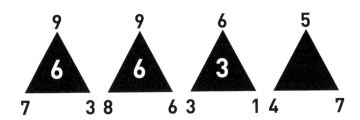

답: 243쪽

★☆☆☆

아래 표에서 각 세로줄의 숫자는 다른 세로줄의 숫자와 연관되어 있다. 빈칸에 들어갈 숫자는 무엇일까?

A	B	C	D	E
6	2	5	8	
3	2	2	5	4
2	1	0	3	1
4	3	4	7	
4	2	3	6	5

답: 243쪽

한가운데 원에서 출발해 맞닿아 있는 원으로 이동한다. 이때 세 번 이동해서 지나온 숫자 네 개를 더해서 53이 나와야 한다. 단, 숫자 조합이 같더라도 방향이 다르면 다른 경로로 인정한다. 가능한 경로는 모두 몇 가지일까?

답: 243쪽

아래 격자에서 숫자들은 다른 숫자와 일정한 관계가 있다. 물음표에 들어갈 숫자는 무엇일까?

1	3	3	5	4
5	6	8	7	?
4	3	5	2	1

답: 243쪽

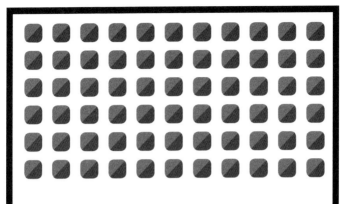

해답

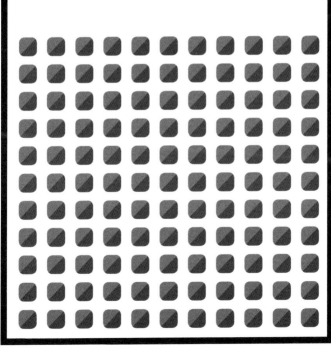

001

10, 11, 23, 31

25	9	23	5	23
12	22	24	23	4
24	20	17	14	10
13	11	10	12	39
11	23	11	31	9

002

6

삼각형의 위쪽 꼭짓점에 적힌 숫자에서 왼쪽, 오른쪽 꼭짓점에 적힌 숫자를 뺀다.

003

2

격자의 각 가로줄에 다섯 자리 숫자가 있고, 아래 규칙을 따른다. 첫째 줄의 숫자에서 다섯째 줄의 숫자를 빼면 셋째 줄의 숫자가 나온다. 넷째 줄의 숫자에서 둘째 줄의 숫자를 빼면 셋째 줄의 숫자가 나온다.

005 209, 320, 431, 542, 653, 764, 875, 986

006 맨 윗줄의 왼쪽에서 네 번째 칸에 있는 1D

007 7개

008 7가지

009 맨 윗줄의 오른쪽에서 첫 번째 칸에 있는 3D

010 12개

011 4.5
삼각형의 위쪽 꼭짓점에 적힌 숫자와 왼쪽 꼭짓점에 적힌 숫자를 곱한다. 그 숫자를 오른쪽 꼭짓점에 적힌 숫자로 나눈다.

012 6
격자의 각 가로줄에 다섯 자리 숫자가 있고, 아래 규칙을 따른다. 첫째 줄의 숫자와 둘째 줄의 숫자를 더하면 셋째 줄의 숫자가 나온다. 둘째 줄의 숫자와 넷째 줄의 숫자를 더하면 다섯째 줄의 숫자가 나온다.

013

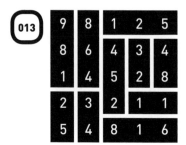

9	8	1	2	5
8	6	4	3	4
1	4	5	2	8
2	3	2	1	1
5	4	8	1	6

014 4가지

015 2가지

016 12가지

017 279, 441, 522, 846, 765, 927

018

6	8	4	7	3
8	9	9	2	1
4	9	6	5	4
7	2	5	9	3
3	1	4	3	2

019 11, 12, 21

19	12	22	6	21
9	21	23	20	7
20	21	16	11	12
21	12	9	11	27
11	14	10	32	13

020 3

각 세로줄의 숫자들은 아래 규칙을 따른다.

A-B=D, C-2=D, D-B=E

021

5	5	5	3	1
5	6	7	7	2
5	7	8	4	5
3	7	4	2	6
1	2	5	6	8

022

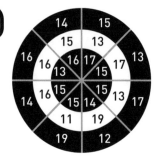

023 15가지

024
78

025 1가지

026 4가지

027 9, 17, 18

19	12	18	4	17
13	17	19	18	3
18	20	14	8	10
9	10	9	11	31
11	11	10	29	9

028 4

각 세로줄의 숫자들은 아래 규칙을 따른다.

A-B=C, C+1=D, B+C=E

029 1가지

030 1가지

031 4개

032

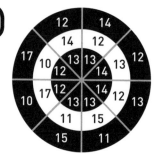

033 314, 425, 536, 647, 758, 869

034 4가지

035 3, 4, 6

4	2	4	1	4
2	4	4	4	1
4	4	3	2	2
3	2	2	2	6
2	3	2	6	2

036 2가지

037

107

 = 18   = 30    = 29

038

5

각 세로줄의 숫자들은 아래 규칙을 따른다.

A-B=D, C-2=D, D-B=E

039

9, 17

17	10	17	4	17
8	17	19	17	4
17	22	13	4	9
14	9	7	9	26
9	7	9	31	9

040

맨 아랫줄의 오른쪽에서 첫 번째 칸에 있는 3U

041

10

삼각형의 위쪽 꼭짓점에 적힌 숫자와 왼쪽 꼭짓점에 적힌 숫자를 곱한다. 그 숫자를 오른쪽 꼭짓점에 적힌 숫자로 나눈다.

042 232, 354, 476, 598, 842, 964

043 8가지

044 맨 아랫줄에서 두 번째 줄의 왼쪽에서 두 번째 칸에 있는 1L

045

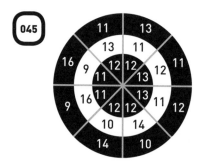

046

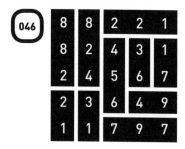

047 맨 아랫줄에서 세 번째 줄의 왼쪽에서 네 번째 칸에 있는 4U

048 **3년 9개월**
A 행성이 $270°$, B 행성이 $90°$에 있을 때 두 행성과 태양이 일직선을 이룬다.

049 4가지

050

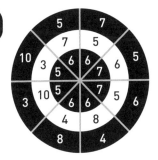

051 7가지

052 **7**
각 세로줄의 숫자들은 아래 규칙을 따른다.
A−B=C, C+1=D, B+C=E

053 8가지

054 10개

055 맨 아랫줄의 오른쪽에서 두 번째 칸에 있는 3U

056 7가지

057 7가지

058 64, 50

059

3	8	9	8	2
8	7	1	4	6
9	1	3	3	5
8	4	3	7	7
2	6	5	7	2

060 65

⬛★ = 7   ◆ = 8   ☆ = 25   ★ = 17

061 3가지

062 4
각 세로줄의 숫자들은 아래 규칙을 따른다.
A+B=D, A−B=C, D−C=E

063 40, 1가지
6, 9, 8, 8, 9를 지난다.

064 131, 264, 397, 663, 796, 929

065 0, 1, 4

3	0	3	1	3
0	3	3	3	1
3	3	2	1	1
3	1	1	1	4
1	3	1	4	1

066
3

삼각형의 위쪽 꼭짓점에 적힌 숫자에서 왼쪽, 오른쪽 꼭짓점에 적힌 숫자를 뺀다.

067
맨 윗줄에서 두 번째 줄의 왼쪽에서 두 번째 칸에 있는 1U

068
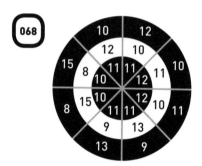

069
58

15, 14, 16, 15, 10을 지난다.

070
27, 2가지

1) 3, 5, 7, 7, 5를 지난다.
2) 3, 5, 7, 5, 7을 지난다.

071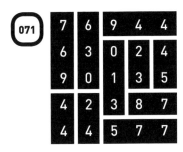

072 272, 349, 426, 657, 734, 965

073 8

격자의 각 가로줄에 다섯 자리 숫자가 있고, 아래 규칙을 따른다.
첫째 줄의 숫자에서 다섯째 줄의 숫자를 빼면 셋째 줄의 숫자가 나
온다. 둘째 줄의 숫자와 셋째 줄의 숫자를 더하면 넷째 줄의 숫자가
나온다.

074 14가지

075 6가지

076 217, 366, 515, 664, 813, 962

077 12년 6개월

A 행성이 225°, B 행성이 45°에 있을 때 두 행성과 태양이 일직선을 이룬다.

078 1

각 세로줄의 숫자들은 아래 규칙을 따른다.

A+B-1=D, C+3=D, B+C=E

079 52

⊛ = 12   ★ = 8   ◆ = 24

080 15

081 7가지

082 3

격자의 각 가로줄에 다섯 자리 숫자가 있고, 아래 규칙을 따른다. 둘째 줄의 숫자와 셋째 줄의 숫자를 더하면 첫째 줄의 숫자가 나온다. 셋째 줄의 숫자와 넷째 줄의 숫자를 더하면 다섯째 줄의 숫자가 나온다.

083 53

★ = 4   ⊛ = 17   ◇ = 15

084 4가지

085 2가지

086 8

각 세로줄의 숫자들은 아래 규칙을 따른다.

$A-B=C, C+1=D, B+C=E$

087 233, 356, 479, 725, 848, 971

088 1, 3, 4

5	4	5	1	5
4	5	5	5	1
5	5	4	3	3
3	3	3	3	8
3	3	3	8	3

089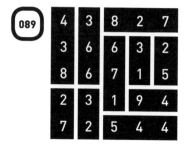

090 8

격자의 각 가로줄에 다섯 자리 숫자가 있고, 아래 규칙을 따른다. 셋째 줄의 숫자에서 첫째 줄의 숫자를 빼면 다섯째 줄의 숫자가 나온다. 둘째 줄의 숫자에서 넷째 줄의 숫자를 빼면 다섯째 줄의 숫자가 나온다.

091 30

092 1가지

093 17

094 2

각 세로줄의 숫자들은 아래 규칙을 따른다.

A − B = C, A + B = D, D − C = E

095 3가지

096 2가지

097 7개

098 7

삼각형의 왼쪽 꼭짓점에 적힌 숫자와 위쪽 꼭짓점에 적힌 숫자를 곱한다. 그 숫자에서 오른쪽 꼭짓점에 적힌 숫자를 뺀다.

099 164, 295, 426, 557, 688, 819

100 11, 18, 19

19	13	21	3	19
14	19	20	18	4
20	23	15	7	10
11	12	10	11	31
11	8	9	36	11

101 1년 6개월

A 행성이 $270°$, B 행성이 $90°$에 있을 때 두 행성과 태양이 일직선을 이룬다.

102 맨 아랫줄에서 세 번째 줄의 왼쪽에서 네 번째 칸에 있는 4U

103 149

104

2	8	1	9	4
8	7	5	3	2
1	5	9	0	5
9	3	0	6	6
4	2	5	6	7

105 10가지

106 2가지

107 6

각 세로줄의 숫자들은 아래 규칙을 따른다.

A+B=D, C+3=D, B+C=E

108 1

격자의 각 가로줄에 다섯 자리 숫자가 있고, 아래 규칙을 따른다. 첫째 줄의 숫자에서 다섯째 줄의 숫자를 빼면 셋째 줄의 숫자가 나온다. 넷째 줄의 숫자에서 셋째 줄의 숫자를 빼면 둘째 줄의 숫자가 나온다.

109 47

= 6   = 11   = 12   = 18

110 1가지

111 4가지

112 2

각 세로줄의 숫자들은 아래 규칙을 따른다.

A-B=D, C-2=D, D-B=E

113 **2년 3개월**

A 행성이 202.5°, B 행성이 22.5°에 있을 때 두 행성과 태양이 일직선을 이룬다.

114 맨 아랫줄에서 두 번째 줄의 왼쪽에서 두 번째 칸에 있는 5U

115 5개

116 8

삼각형의 위쪽 꼭짓점에 적힌 숫자에서 왼쪽 꼭짓점에 적힌 숫자를 뺀다. 그 숫자와 오른쪽 꼭짓점에 적힌 숫자를 곱한다.

117 157

⬤ = 45   ◆ = 44   ★ = 23

118 5

삼각형의 위쪽 꼭짓점에 적힌 숫자와 왼쪽 꼭짓점에 적힌 숫자를 더한다. 그 숫자에서 오른쪽 꼭짓점에 적힌 숫자를 뺀다.

119 145, 224, 461, 777, 856, 935

120 8, 12, 13, 14

14	9	13	2	12
5	15	14	13	3
12	18	10	2	8
11	7	6	5	21
8	1	7	28	6

121 맨 윗줄에서 세 번째 줄의 왼쪽에서 네 번째 칸에 있는 2R

122

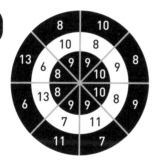

123 2년

A 행성이 $240°$, B 행성이 $60°$에 있을 때 두 행성과 태양이 일직선을 이룬다.

124

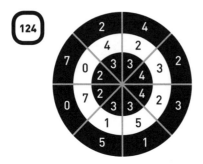

125 8가지

126 3개

127

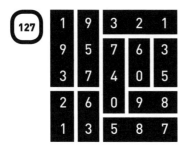

128 7가지

129

5

격자의 각 가로줄에 다섯 자리 숫자가 있고, 아래 규칙을 따른다.
첫째 줄의 숫자와 둘째 줄의 숫자를 더하면 셋째 줄의 숫자가 나온
다. 둘째 줄의 숫자와 넷째 줄의 숫자를 더하면 다섯째 줄의 숫자가
나온다.

130

7가지

131

122

 = 20   = 24   = 42   = 36

132

40

133

29

134

2가지

135

60

136

9

각 세로줄의 숫자들은 아래 규칙을 따른다.

A+B=D, C+3=D, B+C=E

137 195, 415, 635, 745, 855, 965

138 15, 17, 24

17	4	17	5	17
4	17	17	17	5
17	17	12	7	7
15	7	7	7	24
7	15	7	24	7

139 90, 92

7, 9, 9, 6, 7을 지날 때 90이 나온다.

7, 9, 9, 8, 7을 지날 때 92가 나온다.

140 5가지

141

5	4	3	2	8
4	6	7	1	9
3	7	0	4	2
2	1	4	1	6
8	9	2	6	7

142 6

삼각형의 위쪽 꼭짓점에 적힌 숫자와 왼쪽 꼭짓점에 적힌 숫자를 곱한다. 그 숫자에서 오른쪽 꼭짓점에 적힌 숫자를 뺀다.

143 5가지

144 11가지

145 62

= 13    = 21    = 7

146 37

147

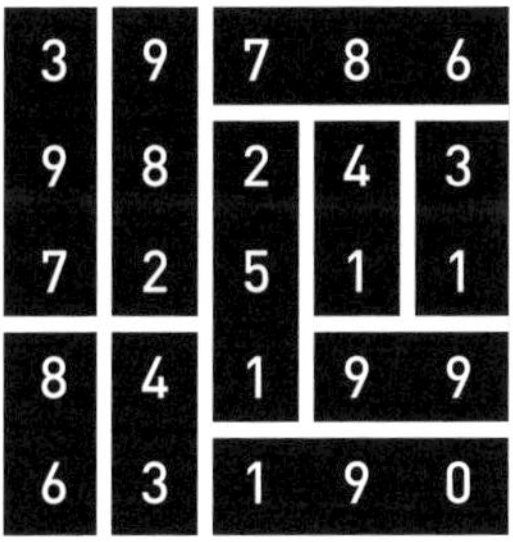

148 3가지

149 2
각 세로줄의 숫자들은 아래 규칙을 따른다.
A+B=D, A-B=C, D-C=E

150 162, 313, 464, 615, 766, 917

151 9개

152 맨 윗줄에서 세 번째 줄의 왼쪽에서 세 번째 칸에 있는 3R

153 4가지

154

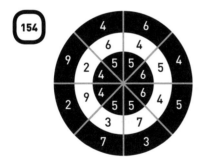

155 1가지

156

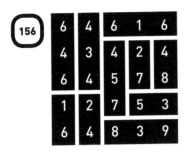

157 4가지

158 4개

159 3
삼각형의 위쪽 꼭짓점에 적힌 숫자에서 왼쪽 꼭짓점에 적힌 숫자를
뺀다. 그 숫자와 오른쪽 꼭짓점에 적힌 숫자를 곱한다.

160 맨 윗줄에서 네 번째 줄의 왼쪽에서 세 번째 칸에 있는 1R

161 7, 8, 15

15	10	16	1	13
9	15	14	15	2
14	15	11	7	8
8	7	8	7	25
9	8	6	25	7

162 3가지

163 1가지

164 148

◆ = 38   ★ = 37   ◆ = 34

165 6가지

166 9가지

167 58, 37

168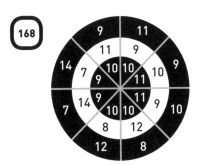

169 5개

170 4
삼각형의 위쪽 꼭짓점에 적힌 숫자에서 왼쪽, 오른쪽 꼭짓점에 적힌 숫자를 뺀다.

171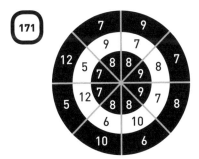

172

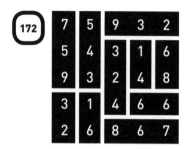

173

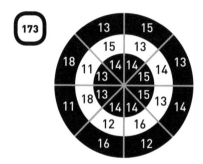

174 6개

175 4

삼각형의 위쪽 꼭짓점에 적힌 숫자와 왼쪽 꼭짓점에 적힌 숫자를 더한다. 그 숫자에서 오른쪽 꼭짓점에 적힌 숫자를 뺀다.

176 13가지

177

6

격자의 각 가로줄에 다섯 자리 숫자가 있고, 아래 규칙을 따른다. 둘째 줄의 숫자와 셋째 줄의 숫자를 더하면 첫째 줄의 숫자가 나온다. 셋째 줄의 숫자와 넷째 줄의 숫자를 더하면 다섯째 줄의 숫자가 나온다.

178

9가지

179

5

격자의 각 가로줄에 다섯 자리 숫자가 있고, 아래 규칙을 따른다. 셋째 줄의 숫자에서 첫째 줄의 숫자를 빼면 다섯째 줄의 숫자가 나온다. 다섯째 줄의 숫자와 넷째 줄의 숫자를 더하면 둘째 줄의 숫자가 나온다.

180

11가지

181

204

★ = 44   ⊛ = 58   ◈ = 45

182

9가지

183 1

격자의 각 가로줄에 다섯 자리 숫자가 있고, 아래 규칙을 따른다.
둘째 줄의 숫자와 셋째 줄의 숫자를 더하면 첫째 줄의 숫자가 나온
다. 셋째 줄의 숫자와 넷째 줄의 숫자를 더하면 다섯째 줄의 숫자가
나온다.

184 2가지

185 오른쪽 물음표 : 126
아래쪽 물음표 : 122

 = 31 ◆ = 30 ★ = 35

186 156, 339, 461, 644, 400, 949

187 5, 8, 11

12	3	12	3	10
6	10	11	11	2
11	14	8	2	5
5	5	5	6	19
6	8	4	18	4

188 11가지

189

8	9	4	4	1
9	1	7	2	7
4	7	5	3	3
4	2	3	0	6
1	7	3	6	2

190
7
삼각형의 위쪽 꼭짓점에 적힌 숫자에서 왼쪽 꼭짓점에 적힌 숫자를 뺀다. 그 숫자와 오른쪽 꼭짓점에 적힌 숫자를 곱한다.

191
7
각 세로줄의 숫자들은 아래 규칙을 따른다.
A+B=D, C+3=D, B+C=E

192 19가지

193
5
격자의 각 가로줄에 다섯 자리 숫자가 있고, 아래 규칙을 따른다.
첫째 줄의 숫자와 셋째 줄의 숫자를 더하면 둘째 줄의 숫자가 나온다.

나는 혹시 천재가 아닐까?

이 책이 준비한 퍼즐들은 모두 재미있게 푸셨는지요? 퍼즐을 풀면서 페이지 번호 옆에 해결, 미해결 표시는 꼼꼼히 해두었겠지요. 여러분의 퍼즐 풀이 능력으로 천재 가능성을 평가해드립니다.

● **해결 문제 1~20개 : 쉬운 문제부터 도전해보세요.**

당신은 수학이라면 끔찍이 싫어했고, 시험 때는 객관식 문제는 말할 것도 없고 주관식 문제마저 과감히 찍기를 시도했겠군요. 틀린 문제의 개수가 많다는 사실보다 당신을 더 슬프게 하는 것은 해답을 봐도 전혀 이해가 안 되어 한숨만 나오는 상황입니다. 해결 문제가 1~20개라는 결과는, 수학 실력이 형편없어서가 아니라 아직 문제 해결의 실마리를 못 찾고 있다는 의미입니다. 우선은 조금만 고민하면 의외로 쉽게 풀 수 있는 문제부터 다시 도전해보기 바랍니다.

● **해결 문제 21~70개 : 커다란 호기심과 끈기로 똘똘 뭉친 사람이군요.**

문제를 풀면서 당신은 손톱을 물어뜯고 있거나, 이마에 땀이 송골송골 맺

히거나, 미간에 주름이 생기고, 머리에서 김이 난다는 착각이 들었을 수도 있습니다. 몸에 이런 반응이 나타났는데도 문제를 계속 풀었다면, 당신은 호기심이 많고 대단한 끈기를 가진 사람입니다.

　이 책에는 몇 가지 공통된 유형의 문제가 있습니다. 우선 한 유형씩 실마리를 찾아나가기 바랍니다. 실마리만 찾으면 숫자나 조건이 조금씩 바뀐 문제들은 아주 쉽게 풀 수 있습니다.

● 해결 문제 71~120개 : 당신의 천재성을 더욱 발전시키세요.

당신은 안 풀리는 한 문제 때문에 한 시간이고 두 시간이고 풀릴 때까지 매달리는 분이군요. 이제 틀린 문제 중심으로 분석해보기 바랍니다. 분명 특정 유형의 문제에 유난히 약한 자신을 발견할 것입니다.

　수리력이 뛰어난 당신이라면, 다른 〈멘사 퍼즐 시리즈〉에서도 분명 좋은 결과를 얻을 것입니다. 당신이 가진 능력을 100% 끌어올릴 수 있는 방법을 찾아보세요.

● 해결 문제 121~193개 : 당신이 바로 50명 중 1명, IQ 상위 2%에 속하는 그분이셨군요.

지금 당장 멘사코리아 홈페이지(www.mensakorea.org)에서 테스트를 신청해보실 것을 권해드립니다.

지능지수 상위 2%의 영재는 과연 어떤 사람인가?

●멘사는 천재 집단이 아니다

지능지수 상위 2%인 사람들의 모임 멘사. 멘사는 사람들의 호기심을 끊임없이 불러일으키고 있다. 때때로 매스컴이나 각종 신문과 잡지들이 멘사와 회원을 취재하고, 관심을 둔다. 대중의 관심은 대부분 멘사가 과연 '천재 집단'인가 아닌가에 몰려 있다.

정확히 말하면 멘사는 천재 집단이 아니다. 우리가 흔히 '천재'라는 칭호를 붙일 수 있는 사람은 아마도 수십만 명 중 하나, 혹은 수백만 명 중 첫손에 꼽히는 지적 능력을 가진 사람일 것이다. 그러나 멘사의 가입 기준은 공식적으로 지능지수 상위 2%, 즉 50명 중 한 명으로 되어 있다. 우리나라(남한)의 인구를 약 5,200만 명이라고 한다면 104만 명 정도가 그 기준에 포함될 것이다. 한 나라에 수십만 명의 천재가 있다는 것은 말이 안 된다. 그럼에도 불구하고 멘사를 향한 사람들의 관심은 끊이지 않는다. 멘사 회원 모두가 천재는 아니라 하더라도 멘사 회원 중에 진짜 천재가 있지 않을까 하고 생각한다. 멘사 회원에는 연예인도 있고, 대학 교수도 있고, 명문대 졸업생이나 재학생도 많지만 그렇다고 해서 '세상이 다 알 만한 천재'

가 있는 것은 아니다.

지난 시간 동안 멘사코리아는 끊임없이 새로운 회원들을 맞았다. 대부분 10대 후반과 20대 전후의 젊은이들이었다. 수줍음을 타는 조용한 사람들이 많았고 얼핏 보면 평범한 사람들이었다. 물론 조금 사귀어보면 멘사 회원 특유의 공통점을 발견할 수 있다. 무언가 한두 가지씩 몰두하는 취미가 있고, 어떤 부분에 대해서는 무척 깊은 지식이 있으며, 남들과는 조금 다른 생각을 하곤 한다. 하지만 멘사에 세상이 알 만한 천재가 있다고 말하긴 어려울 듯하다.

세상에는 우수한 사람들이 많이 있지만, 누가 과연 최고의 수재인가 천재인가 하는 것은 쉬운 문제가 아니다. 사람들에게는 여러 가지 재능이 있고, 그런 재능을 통해 자신을 드러내 보이는 사람도 많다. 하나의 기준으로 사람의 능력을 평가하여 일렬로 세우는 일은 그다지 현명하지 못하다. 천재의 기준은 시대와 나라에 따라 다르기 때문이다. 다양한 기준에 따른 천재를 한자리에 모두 모을 수는 없다. 그렇다고 강제로 하나의 단체에 묶을 수도 없다. 멘사는 그런 사람들의 모임이 아니다. 하지만 멘사 회원은 지능지수라는 쉽지 않은 기준을 통과한 사람들이란 점은 분명하다.

●전투 수행 능력을 알아보기 위해 필요했던 지능검사

멘사는 상위 2%에 해당하는 지능지수를 회원 가입 조건으로 하고 있다. 지능지수만으로 어떤 사람의 능력을 절대적으로 평가할 수 없다는 것은 분명하다. 하지만 지능지수가 터무니없는 기준은 아니다.

지능지수의 역사는 100년이 넘어간다. 1869년 골턴(F. Galton)이 처음으로 머리 좋은 정도가 사람에 따라 다르다는 것을 과학적으로 연구하기 시작했다. 1901년에는 위슬러(Wissler)가 감각 변별력을 측정해서 지능의 상대적인 정도를 정해보려 했다. 감각이 예민해서 차이점을 빨리 알아내는 사람은 아마도 머리가 좋을 것이라고 생각했던 것이다. 그러나 그런 감각과 공부를 잘하거나 새로운 지식을 습득하는 능력 사이에는 상관관계가 없다고 밝혀졌다.

1906년 프랑스의 심리학자 비네(Binet)는 최초로 지능검사를 창안했다. 당시 프랑스는 교육 기관을 체계화하여 국가 경쟁력을 키우려고 했다. 그래서 국가가 지원하는 공립학교에서 가르칠 아이들을 선발하기 위해 비네의 지능검사를 사용했다.

이후 발생한 세계대전도 지능검사의 확산에 영향을 주었다. 전쟁에 참여하기 위해 전국에서 모여든 젊은이들에게 단기간의 훈련을 받게 한 후 살인무기인 총과 칼을 나눠주어야 했다. 이때 지능검사는 정신이상자나 정신지체자를 골라내는 데 나름대로 쓸모가 있었다. 미국의 스탠퍼드 대학에서 비네의 지능검사를 가져다가 발전시킨 것이 오늘날 스탠퍼드-비네(Stanford-Binet) 검사이며 전 세계적으로 많이 사용되는 지능검사 중 하나이다.

그리고 터먼(Terman)이 1916년에 처음으로 '지능지수'라는 용어를 만들었다. 우리가 '아이큐'(IQ: Intelligence Quotients)라 부르는 이 단어는 지능을 수치로 만들었다는 뜻인데 개념은 대단히 간단하다. 지능에 높고 낮음이 있다면 수치화하여 비교할 수 있다는 것이다. 평균값이 나오면, 평균값을 중심으로 비슷한 수치를 가진 사람을 묶어볼 수 있다. 한 학교 학생들의 키를 재서 평균을 구했더니 167.5cm가 되었다고 하자. 그리고 5cm 단위로 비슷한 키의 아이들을 묶어보자. 140cm 미만, 140cm 이상에서 145cm 미만, 145cm 이상에서 150cm 미만… 이런 식으로 나눠보면 평균값이 들어 있는 그룹(165cm 이상, 170cm 미만)이 가장 많다는 것을 알 수 있다. 그리고 양쪽 끝(140cm 이하인 사람들과 195cm 이상)은 가장 적거나 아예 없을 수도 있다. 이것을 통계학자들은 '정규분포'(정상적인 통계 분포)라고 부르며, 그래프를 그리면 종 모양처럼 보인다고 해서 '종형 곡선'이라고 한다.

지능지수는 이런 통계적 특성을 거꾸로 만들어낸 것이다. 평균값을 무조건 100으로 정하고 평균보다 머리가 나쁘면 100 이하고, 좋으면 100 이상으로 나누는 것이다. 평균을 50으로 정했어도 상관없었을 것이다. 그렇게 했다고 하더라도 100점이 만점이 될 수는 없다. 사람의 머리가 얼마나 좋은지는 아직도 모르는 일이기 때문이다.

● '지식'이 아닌 '지적 잠재능력'을 측정하는 것이 지능검사

지능검사는 그 사람에게 있는 '지식'을 측정하는 것이 아니다. 지식을 측정하는 것이라면 지능검사가 학교 시험과 다를 바가 없을 것이다. 지능검사는 '지적 능력'을 평가하는 것이다. 지적 능력이란 무엇일까? 기억력(암기력), 계산력, 추리력, 이해력, 언어 능력 등이 모두 지적 능력이다. 지능검사가 측정하려는 것은 실제로는 '지적 능력'이라기보다 '지적 잠재능력'일 것이다.

유명한 지능검사로는 앞서 이야기했던 스탠퍼드-비네 검사 외에도 '웩슬러 검사' '레이븐스 매트릭스'가 있다. 웩슬러 검사는 학교에서 많이 사용하는 것으로 나라별로 개발되어 있으며, 언어 영역과 비언어 영역을 나누어서 측정하도록 되어 있다. 레이븐스 매트릭스는 도형으로만 되어 있는 다지선다식 지필검사인데, 문화나 언어 차이가 없어 국가 간 지능 비교 연구에서 많이 사용되었다. 이외에도 지능검사는 수백 가지가 넘게 존재한다.

지능검사가 과연 객관적인지를 알아보기 위해 결과를 서로 비교하는 연구도 있다. 지능검사들 사이의 연관계수는 0.8 정도이다. 두 가지 지능검사 결과가 동일하게 나온다면 연관계수는 1이 될 것이고, 전혀 상관없이 나온다면 0이 된다. 0.8 이상의 연관계수가 나온다면 비교적 객관적인 검사로 본다. 웩슬러 검사는 표준 편차 15를 사용하고, 레이븐스 매트릭스는 24를 사용한다. 그래서 웩슬러 검사로 115는 레이븐스 매트릭스 검사의 148과 같은 지수이다. 멘사의 입회 기준은 상위 2%이고, 따라서 레이븐스 매트릭스로 148이며, 웩슬러 검사로 130이 기준이다. 학교에서 평가한 지능지수가 130이었다면, 멘사 시험에 도전해볼 만하다.

●강요된 두뇌 계발은 득보다 실이 더 많다

'지적 능력'은 대체로 나이가 들수록 좋아진다. 어떤 능력은 나이가 들수록 오히려 나빠진다. 하지만 지식이 많고 공부를 많이 한 사람들, 훈련을 많이 한 사람들이 지능검사에서 뛰어난 능력을 보여준다. 그래서 지능지수는 그 사람의 실제 나이를 비교해서 평가하게 되어 있다. 그 사람의 나이와 비교해 현재 발달되어 있는 지적 능력을 측정한 것이 지능지수이다. 우리가 흔히 '신동'이라고 부르는 아이들도 세상에서 가장 우수하다기보다는 '아주 어린 나이에도 불구하고 보여주고 있는 능력이 대단하다'는 의미로 받아들여야 한다. 세 살에 영어책을 줄줄 읽는다든가, 열 살도 안 된 아이가 미적분을 풀었다든가 하는 것도 마찬가지이다.

'지적 잠재능력'은 3세 이전에 거의 결정된다고 본다. 지적 잠재능력이란 지적 능력이 발달하는 속도로 볼 수 있다. 혹은 장차 그 사람이 어느 정도의 '지적 능력'을 지닐 것인가 미루어 평가해보는 것이다. 지능검사에서 측정하려는 것은 '잠재능력'이지 이미 개발된 '지능'이 아니다. 3세 이전에 뇌세포와 신경 구조는 거의 다 만들어지기 때문에 지적 잠재능력은 80% 이상 완성되며, 14세 이후에는 거의 변하지 않는다는 것이 많은 학자들의 의견이다.

조기 교육을 주장하는 사람들은 흔히 3세 이후면 너무 늦다고 한다. 하지만 3세 이전의 유아에게 어떤 자극을 주어 두뇌를 좋게 계발한다는 생각은 아주 잘못된 것이다. 태교에 대한 이야기 중에도 믿기 어려운 것이 너무 많다. 두뇌 생리를 잘 발육하도록 하는 것은 '지적인 자극'이 아니다. 어설픈 두뇌 자극은 오히려 아이에게 심각한 정신적·육체적 손상을 줄 수도 있다. 이 시기에는 '촉진'하기보다는 '보호'하는 것이 훨씬 중요하다. 태아나 유아의 두뇌 발달에 해로운 질병 감염, 오염 물질 노출, 소음이나 지나친 자극에 의한 스트레스로부터 아이를 보호해야 한다.

한때, 젖도 안 뗀 유아에게 플래시 카드(외국어, 도형, 기호 등을 매우 빠른 속도로 보여주며 아이의 잠재 심리에 각인시키는 교육 도구)를 보여주는 교육이 유행했다. 이 카드는 장애를 가지고 있어 정상적인 의사소통이 불가능한 아이들의 교정 치료용으로 개발된 것으로 정상아에게 도움이 되는지 확인된 바 없다. 오히려 교육을 받은 일부 아동들에게는 원형탈모증 같은 부작용이 발생했다. 두뇌 생리 발육의 핵심은 오염되지 않은 공기와 물, 균형 잡힌 식사, 편안한 상태, 부모와의 자연스럽고 기분 좋은 스킨십이다. 강요된 두뇌 계발은 얻는 것보다는 잃는 것이 더 많다.

●왜 많은 신동들이 나이 들면 평범해지는가

지적 능력도 키가 자라나는 것처럼 일정한 속도로 발달하지 않는다. 집중적으로 빨리 자라나는 때가 있다. 아이들은 불과 몇 개월 사이에 키가 10cm 이상 자라기도 한다. 사람들의 지능도 마찬가지다. 아주 어린 나이에 매우 빠른 발전을 보이는 사람이 나이가 들어가며 발달 속도가 느려지기도 한다. 반면, 아주 나이가 들어서 갑자기 지능 발달이 빨라지는 사람도 있다. 신동들은 매우 큰 잠재력을 가진 것이 분명하지만, 빠른 발달이 평생 계속되는 것은 아니다. 나이가 어릴수록 지능 발달 속도는 사람마다 큰 차이를 보이지만, 이 차이는 성인이 되면서 점차 줄어든다. 그렇지만 처음 기대만큼의 성공은 아니어도 지능지수가 높은 아이는 적어도 지적인 활동에 있어서 우수함을 보여준다.

어떤 사람은 지능지수 자체를 불신한다. 그러나 그런 생각은 지나친 것이다. 지적 능력의 발달 속도에는 분명한 차이가 있다. 따라서 지능지수가 높은 아이들에게는 속도감 있는 학습 방법이 효과가 있다. 아이들이 자신의 두뇌 회전 속도와 지능 발달 속도에 잘 맞는 학습 습관을 들이면 자신의 잠재능력을 제대로 계발할 수 있다.

공부 잘하는 학생을 키우는 조건에는 주어진 '잠재능력' 그 자체보다는 그 학생에게 잘 맞는 '학습 습관'이 기여하는 바가 더 크다. 지능지수가 높다는 것은 그만큼 큰 잠재능력이 있다는 의미다. 그런 사람이 자신에게 잘 맞는 학습 습관을 계발하고 몸에 익힌다면 학업에서도 뛰어난 결과를 보일 것이다.

높은 지능지수가 곧 뛰어난 성적을 보장하지 않는다고 해도, 지능지수를 측정할 필요는 있다. 지능지수가 일정한 수준 이상이 되면, 일반인들과는 다른 어려움을 겪는다. 어떻게 생각하면 지능지수가 높다는 것은 지능의 발달 속도, 혹은 생각의 속도가 다른 사람들보다 빠른 것뿐이다. 많은 영재나 천재들이 단지 지능의 차이만 있음에도 불구하고 성격장애자나 이상성격자로 몰리고 있다. 실제로 그런 편견과 오해 속에 오랫동안 방치하면, 훌륭한 인재가 진짜 괴팍한 사람이 되기도 한다.

지능지수는 20세기 초에 국가 교육 대상자를 뽑고 군대에서 총을 나눠주지 못할 사람을 골라내거나 대포를 맡길 병사를 선택하는 수단이었다. 하지만 지금은 적당한 시기에 영재를 찾아내는 수단이 될 수 있다. 특별한 관리를 통해 영재들의 재능이 사장되는 일을 막을 수 있는 것이다.

● 평범한 생활에서 괴로운 영재들

일반적으로 지능지수 상위 2~3%의 아이들을 영재로 분류한다. 영재라고 해서 반드시 특별한 관리를 해주어야 하는 것은 아니다. 아주 특수한 영재임에도 불구하고 평범한 아이들과 잘 어울리고 무난히 자신의 재능을 계발하는 아이도 있다. 하지만 영재들 중 60~70%의 아이들은 어느 정도 나이가 되면, 학교생활이나 교우관계, 인간관계 등에서 다른 사람들이 느끼지 못하는 어려움을 겪는다. 학교생활이 시작되고 집단 수업에 참여하면서 이런 문제에 시달리는 영재아의 비율은 점점 많아진다.

초등학교 입학 전에 특별 관리가 필요한 초고도 지능아(지수 160 이상)는 3만 명 중 1명도 안 되지만(이론적으로는 3만 1,560명 중 1명), 초등학교만 되어도 고도 지능아(지수 140 이상은 약 260명 중 1명으로 우리나라 한 학년의 아동이 60만 명 정도 된다고 볼 때 2,300명 안팎)는 이미 어려움을 겪고 있다고 보아야 한다.

중학생이 되면 영재아(지수 130 이상으로 약 43명 중 1명) 중 3분의 1인 6,000명 정도가 학교생활에서 고통받고 있다고 보아야 한다. 고등학생이 되면 학교생활에서 어려움을 느끼는 비율은 60%인 8,400명 정도가 될 것이다.

그런데 이것은 확률 문제로 영재아라고 해서 모두 고통을 받는 것은 아니다. 단지 그럴 가능성이 높다는 뜻이다. 예외 없이 영재아가 모두 그랬다면, 이미 개선 방법이 나왔을 것이다. 게다가 여기에 한 가지 문제가 덧붙여지고 있다. 모든 국가 아이들의 평균 지능지수는 해마다 점점 높아진다. '플린'이라는 학자가 수십 년간의 연구로 확인한 결과 선진국과 후진국 모두에서 이런 현상을 찾아볼 수 있다. 영재들의 학교생활 부적응 문제는 20세기 중반까지 전체 학생의 2% 이하인 소수 아이들(우리나라의 경우 매년 1만 명 안팎)의 문제였지만, 아이들의 지능 발달이 빨라지면서 점점 많은 아이들의 문제가 되어가고 있다. 이 아이들의 어려움은 부모와 교사들 사이의 갈등으로 번질 수도 있다. 하지만 해결 방법이 전혀 없는 것은 아니다. 아이들의 지적 잠재능력에 맞는 새로운 교육 방법이 나와야만 하는 이유가 그것이다.

지능지수와 관련하여 학교생활에서 어려움을 겪는 정도가 심한 아이들의 비율과 기준은 대략 다음과 같다.

학년	지능지수	비율(%)	학생 60만 명당(명)
미취학(유치원)	169	0.003	20
초등학교	140	0.4	2,300
중학교	135	1	6,000
고등학교	133	1.4	8,400

미취학 어린이들이나 초등학생들을 위한 영재 교육원은 넘쳐 나지만, 중고등학생을 위한 영재 교육 시설은 별로 없다. 현재의 교육

제도가 영재들에게는 큰 도움이 되지 않는 것이다. 특수 목적고나 과학 영재학교 등은 영재아들이 겪는 문제를 도와주지 못한다. 이런 학교들은 엘리트 양성 기관으로 학교생활에 잘 적응하는 수재들에게 적합한 학교들이다.

미국의 통계를 보면, 학교생활에서 우수한 성적을 거두는 아이들은 지수 115(상위 15%)에서 125(상위 5%) 사이에 드는 아이들이다. 학계에서는 이런 범위를 '최적 지능지수'라고 말한다. 이런 아이들은 수치로 보면 대체로 10명 중 하나가 되는데 엘리트 교육 기관은 이런 아이들의 차지가 된다. 물론 이들 사이에서도 치열한 경쟁이 일어나고 있다. 이런 경쟁 속에서 작은 차이가 합격·불합격을 결정한다. 이 경쟁에서 이긴 아이는 지적 능력뿐 아니라, 학습 습관, 집안의 뒷받침, 경쟁에 강한 성격, 성취동기 등 모든 면에서 균형 잡힌 아이들이라 할 수 있다.

영재 아이들 중에도 예외적으로 학교생활에 적응했거나 매우 강한 성취동기를 가진 아이들이 엘리트 학교에 입학하기도 한다. 하지만 영재아는 그 이후 학교 적응에 어려움을 겪기도 한다. 기질적으로 영재아는 엘리트 교육 기관의 교육 문화와 충돌할 위험성이 높다. 최적 지능지수를 가진 수재들은 학업을 소화해내는 데 큰 어려움을 느끼지 못하며, 또래 친구들과 어울리는 데에도 어려움이 없다. 물론 이런 아이들도 입시 경쟁에 내몰리고 학교, 교사, 부모로부터 강한 압력을 받으면 고통스러워하지만 그 정도는 비교적 약하며 곧잘 극복해낸다.

영재아는 감수성이 예민한 편이다. 그래서 교사나 학교가 어린 학

256

생들을 다루는 태도에 큰 상처를 받기도 한다. 또한 이들은 어휘력이 뛰어난 편이다. 뛰어난 어휘력이 오히려 영재아 자신을 고립시킬 수 있다. 또래 아이들이 쓰지 않거나 이해하지 못하는 단어를 자꾸 쓰다보면 반감을 일으킨다. '잘난 체한다' '어른인 척한다' 등의 말을 듣기도 한다. 반대로 교사가 아이들에게 이해하기 쉽도록 이야기하면, 영재아는 오히려 답답해하며 괴로워하기도 한다. 이런 영재아의 태도에 교사는 불편함을 느낀다.

대체로 또래 아이들과 어울릴 수 있는 부분이 학년이 올라갈수록 적어지기 때문에 영재아는 심한 고립감을 느낀다. 자기에게 흥미를 주는 것들은 또래 아이들이 이해하기에는 너무 어렵고, 또래 아이들이 즐기는 것들은 지나치게 유치하고 단순하게 느껴진다. 그렇다고 해서 성인이나 학년이 높은 형, 누나, 오빠, 언니들과 어울리는 것도 자연스럽지 않다. 대체로 영재아는 내성적이고 책이나 특별한 소일거리에 매달리는 경향이 많다. 또 자존심이 강하고 나이에 걸맞지 않은 사회 문제나 인류 평화와 같은 거대 담론에 관심을 보이기도 한다.

지능지수로 상위 2~3%에 속하는 영재들은 오히려 학업 성적이 부진할 수 있다. 미국 통계에 의하면 영재들 중 반 이상이 평균 이하의 성적을 거두는 것으로 나타났다. 나머지 반도 평균 이상이라는 뜻이지 최상위권에 속했다는 뜻은 아니다. 지능지수와 학업 성적은 대체로 비례 관계를 가진다. 즉, 지능지수가 높은 아이들이 성적도 우수하다. 하지만 최적 지능지수(115~125 사이)까지만 그렇다. 오히려 지능지수가 높은 그룹일수록 학업 부진에 빠지는 비율이 높아지는데 이런 현상을 '발산 현상'이라 부른다.

발산 현상은 지능지수에 대한 불신을 일으킨다. 고도 지능아의 경우, 거의 예외 없이 '머리는 좋다는 애가 성적은 왜 그래?'라는 말을 한두 번 이상 듣게 된다. 혹은 지능검사가 잘못되었다는 말도 듣는다. 영재아 혹은 고도 지능아 중에도 높은 학업 성적을 보이는 아이들이 있지만, 그 비율은 그리 많지 않다(대체로 10% 이하).

●영재와 수재의 특성을 모르는 데서 오는 영재 교육의 실패

영재는 실제로 있다. 영재는 조기 교육의 결과로 만들어진 가짜가 아니다. 영재는 평범한 아이들보다 5배에서 10배까지 학습 효율이 높고 배우는 속도가 빠르다. 영재는 제대로 배양하면 국가의 어떤 자원보다도 부가 가치가 크다. 사회는 점점 지식 사회로 가고 있다. 천연자원보다 현재 국가가 가진 생산시설이나 간접자본보다 점점 가치가 커지는 자원이 지식과 정보다. 영재는 지식과 정보를 처리하는 자질이 뛰어나다. 그럼에도 불구하고 각국은 영재 개발에 그다지 성공하지 못하고 있다.

1970년 미국에서 달라스 액버트라는 17세의 영재아가 자살하는 사건이 일어났다. 액버트의 부모는 영리했던 아이가 왜 자살에까지 이르렀는지 사무치는 회한으로 몸서리쳤다. 자신들이 좀 더 아이의 고민에 현명하게 대처했다면 이런 비극을 피할 수 있지 않았을까 생각하며 전문가들을 찾아 나섰다. 그러나 영재아의 사춘기를 도와줄 수 있는 프로그램은 어디에도 없다는 것을 알게 되었다. 액버트의 부모들은 사재를 털어 이 문제에 대한 답을 구하려 했고, 오하이오 주립대학이 협조했다. 10년간의 노력을 토대로 1981년 미국의 유명한 토크쇼인 〈필 도나휴 쇼〉에 출연하여 그동안의 성과를 이야기했다. 프로그램이 방영되자, 미국 전역에서 2만 통의 편지가 쏟아졌다. 많은 영재아의 부모들이 똑같은 문제로 고민해왔던 것이다. 우리나라보다 훨씬 뛰어난 교육 제도가 있을 것이라고 생각되는 미국에서도 영재 교육은 의외로 발달하지 못한 상태였다. 아직도 미국 교육계는 영재 교육에 대한 만족스러운 해답을 내지 못하고 있다.

영재 교육의 실패는 수재와 영재들의 특성이 다르다는 것을 모르는 데서 비롯된다. 평범한 학생들과 수재들은 수업을 함께 받을 수 있지만, 수재와 영재 사이의 거리는 훨씬 더 크다. 그 차이는 그저 참을 만한 수준이 아니다. 생각의 속도가 30%, 50% 정도 다른 경우 빠른 사람이 조금 기다려주면 되지만 200%, 300% 이상 차이가 나면 그건 큰 고통이다. 하지만 영재는 소수에 불과하기 때문에 흔히 '성격이 나쁜' '모난' '자만심이 가득 찬' 아이처럼 보인다.

영재를 월반시킨다고 문제가 해결되지는 않는다. 1~2년 정도 월반시켜봐야 학습 속도가 적당하지도 않을뿐더러, 아무리 영재라도 체구가 작고, 정서적으로는 어린아이에 불과하기 때문에 또 다른 문제가 일어난다.

그렇다고 영재들만을 모아놓는다고 해서 해결되지도 않는다. 같은 영재라도 지수 130 정도의 영재아와 고도 지능아(지수 140 이상), 초고도 지능아(지수 160 이상)는 서로 학습 속도가 다르다. 또

일반 학교나 엘리트 학교에서처럼 경쟁을 통한 학습 유도는 부작용이 너무 크다. 오히려 더 큰 스트레스를 유발하고 학습에 대한 거부감을 강화할 수 있다. 영재아에게 절실히 필요한 교육은 자신들보다 생각하는 속도가 느린 사람들과 어울려 사는 법을 익히는 것이다. 하지만 정서적으로 어린 학생들을 배려할 수 있으면서 지식 수준이 높은 영재아의 호기심에 대응할 수 있는 교사를 구하는 것은 어렵고, 교재를 개발하는 데 드는 비용 역시 막대하다.

● 영재 교육 문제의 해답은 영재아에게 있다

그렇다면 영재 교육은 어떻게 해야만 하는가? 사실 영재 교육 문제의 해답은 영재아에게 있다. 영재들에게는 스스로 진도를 정하고, 학습 목표를 정할 수 있는 자율 학습의 공간을 마련해주어야 한다. 개인별 학습 진도가 주어져야 하고, 대학 수업처럼 좀 더 폭넓은 학과 선택권이 주어져야 한다. 학과 공부보다는 체력 단련, 대인 관계 계발, 예능 훈련에 좀 더 많은 프로그램을 제공해야 한다.

빠른 지적 발달에 비해 상대적으로 미숙한 영재아의 정서 문제를 해결한다면 많은 성과를 기대할 수 있다. 지적 발달과 정서 발달 사이의 속도 차이가 큰 만큼 주변의 또래뿐만 아니라 어른들도 혼란을 느낀다. 영재아가 정서적인 면에서도 좀 더 빨리 성숙해지면, 아이는 자신감을 가지고 지적 능력을 발전시킬 수 있다. 자신이 지적 능력을 발휘할 수 있는 적절한 목표를 발견하면 영재아는 정말 놀라운 능력을 보일 것이다. 외국어 분야는 영재아에게 아주 좋은 도전 목표가 될 수 있다. 뛰어난 외국어 전문가는 많으면 많을수록 좋다. 공정하고 유능한 법관이 될 수도 있을 것이다. 짧은 시간과 제한된 자료를 가지고도 사건을 머릿속에서 재구성하여 증언과 주장의 모순을 찾아내거나, 혹은 일관성이 있는지 판단할 수 있는 법관이 많다면 세상에는 억울한 일이 좀 더 줄어들 것이다. 미술, 음악, 무용, 문학 같은 예술 분야와 다양한 스포츠 분야는 영재들에게 활동할 무대를 넓혀줄 것이다. 창조적인 예술인이나 뛰어난 운동선수가 많을수록 국가에는 이익이 될 것이다.

영재아라 하더라도 학교생활과 친구 관계가 원만한 아이는 얼마든지 있다. 하지만 학년이 올라가고 지적 능력이 급격하게 발달하는 사춘기를 거치면, 자신의 기질이 다른 사람들과는 많이 다르다는 것을 느끼는 시기가 온다. 이때 멘사는 자신과 잘 어울릴 수 있는 새로운 친구들을 만날 수 있는 통로가 될 수 있다. 영재아는 적은 노력으로 지적 능력을 키워갈 수 있다. 그렇지만 지적 능력을 계발하는 과정이 마냥 즐겁고 재미있을 수는 없다. 친구들과 함께라면 어려운 일도 이겨낼 수 있지만, 혼자 하는 연습은 고통스럽고 지루한 법이다.

지형범

멘사코리아

주소 : 서울시 서초구 효령로12, 301호

전화 : 02-6341-3177

E-mail : admin@mensakorea.org

—

옮긴이 최가영

서울대학교 약학대학원 졸업 후 동대학 및 제약회사에서 연구원으로 근무했다. 현재 번역에이전시 엔터스코리아에서 의학 분야 출판 기획 및 전문 번역가로 활동 중이다.

옮긴 책으로는 《다빈치 추리파일》《더 완벽하지 않아도 괜찮아 : 끊임없는 강박사고와 행동에서 벗어나기》《과학자들의 대결 : 하얀 실험 가운 뒤에 숨어 있는 천재들의 뒷이야기》외 다수가 있다.

멘사 수학 퍼즐
IQ 148을 위한

1판 1쇄 펴낸 날 2017년 5월 1일

1판 4쇄 펴낸 날 2024년 1월 5일

지은이 | 해럴드 게일
옮긴이 | 최가영

펴낸이 | 박윤태
펴낸곳 | 보누스
등   록 | 2001년 8월 17일 제313-2002-179호
주   소 | 서울시 마포구 동교로12안길 31 보누스 4층
전   화 | 02-333-3114
팩   스 | 02-3143-3254
이메일 | bonus@bonusbook.co.kr

ISBN 978-89-6494-290-1 04410

*이 책은 《멘사 수학 퍼즐》의 개정판입니다.

• 책값은 뒤표지에 있습니다.

IQ 148을 위한 멘사 오리지널 시리즈

멘사 논리 퍼즐
필립 카터 외 지음 | 250면

멘사 아이큐 테스트
해럴드 게일 외 지음 | 260면

멘사 문제해결력 퍼즐
존 브렌너 지음 | 272면

멘사 아이큐 테스트 실전편
조세핀 풀턴 지음 | 344면

멘사 사고력 퍼즐
켄 러셀 외 지음 | 240면

멘사 추리 퍼즐 1
데이브 채턴 외 지음 | 212면

멘사 사고력 퍼즐 프리미어
존 브렘너 외 지음 | 228면

멘사 추리 퍼즐 2
폴 슬론 외 지음 | 244면

멘사 수학 퍼즐
헤럴드 게일 지음 | 272면

멘사 추리 퍼즐 3
폴 슬론 외 지음 | 212면

멘사 수학 퍼즐 디스커버리
데이브 채턴 외 지음 | 224면

멘사 추리 퍼즐 4
폴 슬론 외 지음 | 212면

멘사 시각 퍼즐
존 브렘너 외 지음 | 248면

멘사 탐구력 퍼즐
로버트 앨런 지음 | 252면

IQ 148을 위한 멘사 프리미엄 시리즈

멘사퍼즐 논리게임
브리티시 멘사 지음 | 248면

멘사퍼즐 숫자게임
로버트 앨런 지음 | 256면

멘사퍼즐 사고력게임
팀 데도풀로스 지음 | 248면

멘사퍼즐 로직게임
로버트 앨런 지음 | 256면

멘사퍼즐 아이큐게임
개러스 무어 지음 | 248면

멘사퍼즐 공간게임
브리티시 멘사 지음 | 192면

멘사퍼즐 추론게임
그레이엄 존스 지음 | 248면

멘사코리아 사고력 트레이닝
멘사코리아 퍼즐위원회 지음 | 244면

멘사퍼즐 두뇌게임
존 브렘너 지음 | 200면

멘사코리아 수학 트레이닝
멘사코리아 퍼즐위원회 지음 | 240면

멘사퍼즐 수학게임
로버트 앨런 지음 | 200면

멘사코리아 논리 트레이닝
멘사코리아 퍼즐위원회 지음 | 240면